# Experimentelle Methode der Vorausbestimmung der Gesteintemperatur im Innern eines Gebirgmassivs

von

## Konrad Pressel

o. Professor an der Technischen Hochschule in München

vormals Oberingenieur der Baugesellschaft auf der Südseite

des Simplon-Tunnels

Versuchsraum

VERLAG VON R. OLDENBOURG / MÜNCHEN UND BERLIN 1928

Druck von R. Oldenbourg, München

Dem Andenken an

# Dr. Hermann Ebert

weiland Professor der Physik an der Technischen Hochschule

in München, Geh. Hofrat,

in Verehrung und Dankbarkeit

gewidmet.

# Vorwort.

In den Sitzungsberichten der Königlich Bayerischen Akademie der Wissenschaften, Mathematisch-Physikalische Klasse, vom 3. Februar 1912 sind von mir einige Methoden angedeutet worden, nach denen die Aufgabe der Vorausbestimmung der Gesteintemperatur in Gebirgmassiven auf experimentellem Weg gelöst werden könnte.

In der vorliegenden Schrift sind solche Methoden näher erörtert und insbesondere ist eine unter ihnen, welche in jeder Hinsicht als die zweckmäßigste und den besten Erfolg versprechende erschien, eingehend beschrieben. Diese letztere Methode wurde auf ihre Brauchbarkeit geprüft durch Anwendung auf die Gebirgmassive des Simplon und des Gotthard, deren Gesteintemperaturen längs der Achsen der durch sie getriebenen Tunnel bekannt sind. Die Ergebnisse der Prüfung sind zeichnerisch und in Zahlentafeln dargestellt.

Die zu den Versuchen erforderlichen Modelle wurden aus Mitteln der Technischen Hochschule München und der Jubiläumsstiftung der Deutschen Industrie hergestellt. Die Versuche selbst wurden ausgeführt im Physikalischen Institut der Technischen Hochschule, dessen früherer Vorstand, der 1913 verstorbene Geheimrat Professor Dr. Hermann Ebert, mir nicht bloß einen geeigneten Versuchsraum und alle erforderlichen Meßinstrumente und sonstigen Hilfsmittel zur Verfügung stellte, sondern auch mich in jeder Hinsicht in freundschaftlichster Weise unterstützte. Die gleiche weitgehende Gastfreundschaft im Physikalischen Institut wurde mir auch von seiten seines Nachfolgers, Herrn Geheimrat Professor Dr. phil., Dr. ing. J. Zenneck zuteil.

Besonders wertvolle Hilfe bei der Anordnung der Versuche und namentlich bei der Wahl der geeignetsten Meßinstrumente und Meßmethoden gewährte mir mein Kollege, der Physiker Professor Dr. Ernst v. Angerer.

Die Montierung der Modelle und die Herstellung einer Reihe von Teilen der Versuchseinrichtung übernahm in stets hilfsbereiter Weise Herr Johann Fries, Oberwerkmeister am Physikalischen Institut.

Zur Veröffentlichung der vorliegenden Arbeit wurde von der Notgemeinschaft der Deutschen Wissenschaft ein namhafter Druckkostenzuschuß bewilligt.

All den vorgenannten Persönlichkeiten und Stellen sowie dem Verlag R. Oldenbourg, welcher die Drucklegung in sorgfältigster Weise durchführte, sei hiemit der wärmste Dank ausgesprochen.

München, im Juni 1928.

**Konrad Pressel.**

# Inhaltsverzeichnis.

## Elektrische experimentelle Methode der Vorausbestimmung der Gesteintemperatur im Innern eines Gebirgmassivs.

### I. Teil.

### II. Teil.

### Anhang.

# Verzeichnis der Tafeln und der Abbildungen.

# Verzeichnis der Zahlentafeln.

# Einleitung.

## A. Begründung des Bedürfnisses einer Vorausbestimmung der Gesteintemperatur, namentlich für lange tiefliegende Tunnel.

Die Vorausbestimmung der Gesteintemperatur im Innern eines Gebirgmassives ist von ganz besonderem Interesse für den Ingenieur, dem die Aufgabe gestellt ist, den Bau eines tief unter der Erdoberfläche liegenden, naturgemäß auch sehr langen Tunnels durch einen Gebirgwall zu entwerfen und durchzuführen.

Bei solchen Tunneln dringt man in Gebiete außergewöhnlich hoher Temperaturen und hat daher mit den Folgen dieser Temperaturen, mit den Erschwernissen zu rechnen, die sie den, bei langen, nur von den beiden Mundlöchern aus vorzutreibenden Tunneln an sich nicht geringen Schwierigkeiten hinzufügen.

In diesen heißen Gebieten erlangen die zur Erzielung erträglicher Arbeitsbedingungen wegzuschaffenden Wärmemengen ganz bedeutende Beträge[1]), namentlich, wenn auch noch heiße Quellen sich in den Tunnel ergießen. Zur Beseitigung der Wärme müssen außergewöhnliche, kostspielige Einrichtungen vorgesehen werden, zu deren Vorbereitung beizeiten zu sorgen ist.

Das Anschlagen von stärkeren Quellen wird bei längeren Tunneln, zumal bei einigermaßen verwickeltem, kluftreichem Gebirgsbau und bei Überlagerung mit Gletschern und Firnfeldern wohl der häufiger vorkommende Fall sein.

Aus diesen Ausführungen geht hervor, daß es wichtig ist, vor dem Beginn des Baues eines Tunnels der geschilderten Art von vornherein mit einiger Sicherheit Schlüsse auf die im Berginnern zu erwartenden Gesteintemperaturen ziehen zu können.

Für den ersten Entwurf wird man sich mit angenäherten Werten begnügen können. Wenn es gelingt, von vornherein eine Kurve zu zeichnen, welche wenigstens den relativen Verlauf der Gesteintemperatur in der Tunnelachse unter gewissen Voraussetzungen darstellt, so wird es auch möglich sein, mit dem Vordringen des Richtstollens von beiden Tunnelmündungen die absolute Höhe der Temperatur mit stetig wachsender Sicherheit so frühzeitig zu bestimmen, daß man alle erforderlichen Maßnahmen zur Bewältigung der Wärmeeinflüsse in den noch zu erschließenden sehr heißen Gebieten zu treffen imstand ist.

Dieses Ziel wird in der vorliegenden Arbeit angestrebt.

## B. Temperaturzustand der Erdrinde.

Der aus dem Innern der Erde nach deren Oberfläche gerichtete Wärmestrom ist während der für uns in Betracht kommenden Zeiträume und in den hier interessierenden Tiefen unter der Erdoberfläche als stationär zu betrachten. Es kann also die Gestein-

---

[1]) Beispielsweise sei hervorgehoben, daß nach Erreichung des 9ten Kilometers der Südseite des Simplontunnels rund 6 000 000 Kalorien in der Stunde der eingeblasenen Tunnelluft zuströmten, welche Wärmemenge im überwiegenden Teil durch Einführung von kaltem Wasser der Tunnelluft zu entziehen war, um diese sich nicht über 25 ~ 28° C erwärmen zu lassen.

temperatur an jedem Punkt im Erdinnern als unveränderlich angenommen werden. Nur in einer sehr dünnen Schicht unmittelbar unter der Oberfläche finden Schwankungen statt, welche von der Tages- und Jahresperiode der Schwankungen der Lufttemperatur und der Sonnenstrahlung abhängen.

Die Tiefe, von welcher ab der Einfluß dieser Schwankungen nicht mehr fühlbar ist, in welcher also in jedem Punkt die Gesteintemperatur unveränderlich bleibt, hängt im wesentlichen ab von der Gestalt und Beschaffenheit der Erdoberfläche und von der Wärmeleitfähigkeit des Gesteins.

Die dünne Kruste mit periodischen Schwankungen der Temperatur kann man sich ersetzt denken durch eine solche, in welcher an jedem Punkt der Oberfläche dauernd die mittlere Jahrestemperatur des Bodens herrscht.

Die geothermische Tiefenstufe, d. h. der Tiefenunterschied längs einer Lotrechten, welcher einem Temperaturunterschied von $1°C$ entspricht, hängt von einer großen Zahl von Einflüssen ab, und zwar sind diese Einflüsse namentlich die folgenden:

1. Gestalt der Erdoberfläche,
2. Temperatur der Erde an der Oberfläche (Jahresmittel der Bodentemperatur),
3. Wärmeleitfähigkeit der verschiedenen vom Wärmestrom zu durchdringenden Gesteine in der Richtung des Wärmestromes,
4. unterirdische Wasserführung,
5. Wärmeerzeugung durch Radioaktivität und chemische Prozesse.

Könnte man alle diese und etwaige andere mögliche Einflüsse und die Größe ihrer Wirkung genau ermitteln, so wäre — wenigstens theoretisch — die Lösung der hier gestellten Aufgabe denkbar. Von einer solchen vollständigen Ermittlung kann aber keine Rede sein. Wir sind deshalb auf eine nur angenäherte Lösung von vornherein angewiesen.

Über die Ermittlung der oben aufgezählten Faktoren, welche die Gesteintemperatur bedingen, ist im allgemeinen folgendes zu sagen:

Zu 1. Die Gestalt der Erdoberfläche über dem zu untersuchenden Gebiet läßt sich mit jeder wünschenswerten Genauigkeit aufnehmen und darstellen.

Zu 2. Auch die mittlere Bodentemperatur läßt sich bei entsprechendem Aufwand an Zeit und Geld mit beliebig großer Genauigkeit erheben.

Zu 3. Die Wärmeleitfähigkeit des Gesteins ist zweifellos von großem Einfluß auf den Temperaturzustand des zu untersuchenden Gebirges. Es liegt der Gedanke nahe, zu ihrer Erforschung durch Laboratoriumversuche die Wärmeleitfähigkeit der einzelnen Gesteinsarten, aus welchen das Gebirg voraussichtlich zusammengesetzt ist (bei geschichteten Gesteinen nach den beiden Richtungen senkrecht und parallel zur Schichtung) zu ermitteln und in Rechnung zu setzen. Dieser Weg kann aber zu unsichern Schlüssen führen: 1. weil die Gesteinstücke, an denen die Versuche im Laboratorium vorgenommen werden, nur verhältnismäßig klein sein können, 2. weil sie nur aus der obersten Erdkruste zu beschaffen sind, also die Werte der Wärmeleitfähigkeit nur dann gelten, wenn die ganze Gesteinmasse zwischen der Erdoberfläche und dem fraglichen Punkt im Berginnern von derselben Beschaffenheit angenommen werden kann, wie das Probestück, 3. weil es kaum denkbar ist, daß das Versuchstück während des Versuchs im gleichen Zustand der Bergfeuchtigkeit sich befindet wie im Berginnern, 4. weil die Einflüsse von Klüften, Verwerfungspalten, die das Gebirg durchsetzen, unberücksichtigt bleiben müssen, endlich 5. weil bei so großen Tiefen, wie sie hier in Betracht kommen, die geologische Prognose, eine der wichtigsten Grundlagen für die vorliegende Aufgabe, naturgemäß mit oft bedeutenden Unsicherheiten behaftet ist.

Man könnte deshalb zweckmäßiger für eine erste vorläufige Vorausbestimmung mit Durchschnittswerten der Wärmeleitungsziffer rechnen, wie sie aus andern ähnlichen Gebirgen, welche durch Tunnel näher erschlossen sind, übernommen oder wie sie durch ein oder mehrere Tiefbohrungen gewonnen werden können.

Wird dann der Tunnel ausgeführt, so hat man vor dem Eindringen in das Gebiet sehr mächtiger Überlagerung und dem zufolge ungewöhnlich hoher Gesteintemperatur Gelegenheit, immer zutreffendere Durchschnittswerte der Wärmeleitfähigkeit sich zu verschaffen oder die unmittelbar im Berginnern beobachteten Gesteintemperaturen zur Verbesserung der ursprünglichen Vorausbestimmung zu verwerten.

Zu 4. Ist das Berginnere wasserführend, und zwar derart, daß das Wasser nicht bloß die verzweigten Spalten und Klüfte füllt, sondern auch ständig darin fließt, so wird die Temperaturverteilung gegenüber der selben, aber trocken gedachten Gebirgmasse dadurch unter Umständen ganz wesentlich verändert.

Der Einfluß des durch die Gebirgspalten fließenden Wassers hängt ab von dessen Menge, von seiner Anfangtemperatur beim Eintritt in den Fels und von der Größe der Oberfläche, in welcher Wasser und Fels sich berühren. Diesen Einfluß auch nur mit einiger Annäherung abschätzen zu wollen, erscheint in so großen Gebieten, wie sie hier in Rede stehen, aussichtslos. Denn, ist es hier schon so gut wie ausgeschlossen[1]), daß man die Menge des in das Gebirg eindringenden Wassers ermitteln könne, so kann vollends von einer Abschätzung von Lage und Größe der Berührungsfläche zwischen Wasser und Fels gar keine Rede sein.

Es bleibt also aus vorstehenden Gründen nichts übrig, als bei der Vorausbestimmung der Gesteintemperatur den Einfluß der Wasserführung ganz außer Betracht zu lassen. Diese Vernachlässigung hat zur Folge, daß in weitaus den meisten Fällen die für das trockene Gebirg vorausbestimmten Temperaturen höher sich ergeben werden als für das etwa in Wirklichkeit von Wasser durchflossene, weil das auf der Oberfläche in das Gebirg eindringende Wasser auf seinem Weg bis zur Höhenlage des Tunnels im wesentlichen von oben nach unten fließt, also in immer wärmere Gebiete gelangt, wobei es, da seine Temperatur niedriger ist als die Umgebung, dieser Wärme entzieht, das Gestein demnach abkühlt, während es selbst sich erwärmt. Diese Annahme dürfte ganz besonders zutreffen für den Teil des Tunnelgebietes, welcher sehr hoch überlagert ist. Hier wäre das Umgekehrte, d. h. eine Abgabe von Wärme aus dem Wasser an das Gestein sehr unwahrscheinlich und nur dann möglich, wenn eine, von wasserundurchlässigen Schichten umgebene, eine tiefe Mulde bildende Schicht aus größerer Tiefe Wasser von höherer Temperatur in verhältnismäßig kältere Gesteingebiete brächte. Weniger unwahrscheinlich ist ein solcher Vorgang im Bereich der Tunnelmündungen, wo das Wasser sich wieder den Talhängen nähert, also naturgemäß in immer kältere Gebirgteile dringt und diesen Wärme zuführt.

Im wesentlichen darf jedoch angenommen werden, daß die Temperatur des Gesteins im Innern eines Gebirgs durch Wasserführung herabgezogen wird. Wenigstens trifft diese Annahme zu für die Tunnelgebiete des Simplon und Gotthard, wie später[2]) noch gezeigt werden soll. Hier sei nur zur Bekräftigung unserer Behauptung darauf hingewiesen, daß im Simplontunnel die Temperatur der angeschlagenen Quellen um so niedriger war, je größer ihr Ertrag, und umso höher, je schwächer die Quelle floß. Stets war die Temperatur der Quellen niedriger als diejenige des Gesteins und nur bei sehr schwachen Quellen wurde nahezu ein Ausgleich der Temperaturen erreicht.

---

[1]) Beispielsweise hat auf der Südseite des Simplontunnels die wirklich aus dem Tunnel fließende Wassermenge etwa das Neunfache der nach den geologischen Voraussagen zu erwartenden betragen.
[2]) S. 16 unter 4) und S. 22 unter 2.

Zu **5.** Der Einfluß der Wärmeerzeugung durch Radioaktivität des Gesteins oder durch chemische Prozesse kann wohl kaum von vornherein in den hier in Betracht kommenden Tiefen vorausbestimmt und f ü r s i c h in Rechnung gezogen werden. Abgesehen davon, daß dieser Einfluß nur von untergeordneter Bedeutung sein dürfte, kommt er, falls er auftritt, ganz von selbst zur Geltung bei der nachstehend beschriebenen Methode.

## C. Grundlagen des Problems.

**a)** Eine Vorausbestimmung der Gesteintemperaturen im Innern eines Gebirgs wird nach den vorangehenden Ausführungen sich stützen müssen
1. auf die Feststellung der Gestalt der Erdoberfläche,
2. auf die Ermittlung der Temperatur des Gesteins an der Erdoberfläche und
3. auf die Kenntnis der Gesteintemperatur an möglichst vielen Punkten im Innern des zu untersuchenden Gebirgs.

**b)** Mittel zur Feststellung der 3 Grundlagen.

Zu **1.** Topographische Aufnahmen im Maßstab 1:50000 reichen zu dem beabsichtigten Zweck vollkommen aus. Sie müssen nur genügend weit sich ausdehnen über das besonders interessierende Gebiet.

Im vorliegenden Fall handelt es sich in erster Linie um Tunnel. Man wird demnach, falls z. B. der Tunnel, wie zumeist, im Grundriß geradlinig verläuft, aus der Karte einen rechteckigen Streifen herausgreifen, in dessen Mitte der Tunnel liegt und der genügend weit auch über die Mündungen sich erstreckt. Die Ausmaße dieses Ausschnitts müssen um so größer gewählt werden, je unregelmäßiger die Erdoberfläche gestaltet ist, d. h. je größer die Höhenunterschiede zwischen Bergkämmen, Spitzen und tief eingeschnittenen Tälern sind und je tiefer der Tunnel unter der Erdoberfläche verläuft.

Zu **2.** Oberflächentemperaturen. In den zu jeder Zeit des Jahres zugänglichen Gebieten wird man etwa in regelmäßigen Perioden (z. B. allmonatlich) Beobachtungen anstellen; in den im Winter nicht erreichbaren Höhen muß man sich begnügen, die Höchst- und Niedrigsttemperatur des Gesteins mittels Maximum- und Minimum-Thermometern und daraus einen Mittelwert der Jahrestemperatur zu bestimmen.

Anstatt wiederholter Beobachtungen in regelmäßigen Zeitabständen während eines längeren Zeitraumes in Bohrlöchern von etwa $1.5$ m Tiefe könnte man auch mit einer einmaligen Messung an jedem Beobachtungsort auskommen, indem man Bohrlöcher bis in den Bereich unveränderlicher Gesteintemperatur treibt. Aus den so gewonnenen Temperaturen könnten die Bodentemperaturen, etwa in 1 m Tiefe unter der Oberfläche, abgeleitet werden, indem diese selbst an einer beschränkten Zahl charakteristischer Stellen ermittelt und die zugehörigen Temperaturgradienten bestimmt werden.

Man könnte aber auch statt dieses Umweges zur Ermittlung der Temperatur in der obersten Bodenschicht, also statt auszugehen von der eigentlichen Erdoberfläche diejenige Fläche der Lösung der Aufgabe zugrunde legen, auf welcher die in genügend tiefen Bohrlöchern gemessenen unveränderlichen Gesteintemperaturen stattfinden.

Die zweite Art des Vorgangs, deren Durchführung bei den heutzutag zu Gebot stehenden Hilfsmitteln der Bohrtechnik nicht allzu schwierig sein dürfte, hätte den großen Vorzug, daß man nicht angewiesen wäre auf zahlreiche Beobachtungen während langer Zeiträume. Schon Stapff, der rühmlichst bekannte Geologe des Gotthardtunnels, berührt diese Methode[1], verwirft sie jedoch, einerseits, weil „ . . . die Tiefen, in welcher die Erdtemperatur konstant . . . sein soll, von so vielen lokalen Verhält-

---

[1] „Studien über die Wärmeverteilung im Gotthard", I. Teil, Bern 1877.

nissen abhängig ist", und „weil die ihm zugänglichen betreffenden Angaben so schwankend seien".

Ich kann mich diesen Bedenken nicht anschließen und meine, daß man bei einer nächsten sich darbietenden Gelegenheit Versuche in dieser Richtung anstellen sollte.

Doch soll die Frage nach dem zweckmäßigsten Vorgang zur Bestimmung der mittleren Bodentemperatur oder der Gesteintemperatur an der Grenze des Gebietes des stationären Wärmestroms nicht weiter erörtert werden. Es handelt sich ja hier lediglich um die Feststellung der Tatsache, daß diese Temperaturen mit jedem beliebigen Grad der Genauigkeit bestimmt werden können.

Zu **3.** Für eine erste Schätzung muß man sich begnügen mit der Bestimmung der geothermischen Tiefenstufe in einigen Bohrlöchern von größerer Tiefe oder es können auch die in anderen Tunneln von ähnlicher Gebirgsbeschaffenheit festgestellten Werte der geothermischen Tiefenstufe herangezogen werden.

Die erste Schätzung kann dann, wenn der Tunnel zur Ausführung kommt, in leichtester Weise stetig verbessert werden in dem Maß, als der fortschreitende Richtstollen eine unmittelbare Feststellung der wirklichen Gesteintemperatur längs der Tunnelachse gestattet. Bei einem längeren Tunnel von 15, 20 und mehr Kilometer wird man schon nach Auffahrung der ersten 3 oder 4 Kilometer auf jeder Seite die Temperaturvoraussage genügend sichergestellt haben können, um sich für die zu erwartenden heißesten Tunnelgebiete rechtzeitig vorbereiten zu können.

Durch diesen Vorgang wird von selbst die Wärmeleitfähigkeit des ganzen Gebirgs berücksichtigt, wie auch der Einfluß der sonstigen Wärmequellen.

## D. Wege zur Lösung des Problems.

Es stehen zur Lösung des Problems zwei Wege offen:

a) die mathematische Methode und b) die experimentelle.

Zu **a.** Betreffend den ersteren Weg, die m a t h e m a t i s c h e Behandlung, sei verwiesen auf folgende Schriften:

S t a p f f, „Studien über die Wärmeverteilung im Gotthard", Bern 1877.

E. T h o m a, „Über das Wärmeleitungsproblem bei wellig begrenzter Oberfläche und Anwendung auf Tunnelbauten", Karlsruhe 1906.

J. K ö n i g s b e r g e r, „Normale und anormale Werte der geothermischen Tiefenstufe", Zentralblatt für Mineralogie, Geologie und Paläontologie, Jahrg. 1907, Nr. 22.

J. K ö n i g s b e r g e r, „Neues Jahrbuch für Mineralogie, Geologie u. s. w.", Bd. XXXI, 1911.

J. K ö n i g s b e r g e r, „Über die Beeinflussung der geothermischen Tiefenstufe durch Berge und Täler, Schichtstellung, durch fließendes Wasser und durch Wärme erzeugende Einlagerungen", Eclogae geologicae Helvetiae, Vol. IX, Nr. 1.

G. N i e t h a m m e r, „Die Wärmeverteilung im Simplon", in Eclogae geologicae Helvetiae, Vol. XI, Nr. 1.

H. L i e b m a n n, „Die angenäherte Ermittlung harmonischer Funktionen und konformer Abbildungen" in Sitzungsberichte der Königlich Bayerischen Akademie der Wissenschaften, Mathematisch-physikalische Klasse 1918.

C. A n d r e a e, „Der Bau langer tiefliegender Gebirgstunnels", Berlin 1926, S. 64 ff. Über die Verwertung der Kurve der Gesteintemperaturen zur Ermittlung der abzuführenden Wärmemengen siehe daselbst S. 96 ff.: Bericht über die Arbeiten von Dr. H e e r w a g e n.

6

Zu **b.** Der zweite Weg, der zur Lösung der Aufgabe führen kann, ist der experimentelle oder, klarer ausgedrückt, der des Modellversuchs.

Dem Zweck vorliegender Schrift entsprechend soll hier nur auf den zweiten Weg, den experimentellen, eingegangen werden.

Einige Möglichkeiten in dieser Richtung sind von mir vorgeschlagen und von Hermann Ebert in der Sitzung der Königlich Bayerischen Akademie der Wissenschaften am 3. Februar 1912 (siehe Sitzungsberichte 1912) vorgelegt worden. Es sind dieses:

1. eine „elektrische" Methode und
2. eine „kalorische" Methode, wie sie der Kürze halber benannt sein möge.

**1.** Die elektrische Methode soll zunächst hier nicht erörtert werden. Sie wird als Hauptgegenstand dieser Schrift weiter unten eingehend beschrieben und es wird der Nachweis ihrer Brauchbarkeit erbracht.

**2.** Die zweite, kalorische Methode ist folgendermaßen gedacht.

Der Boden eines Gefäßes wird aus Blech als Hohlmodell der Oberfläche des zu untersuchenden Gebirgs hergestellt. Die Wandungen des Gefäßes bestehen aus möglichst schlechten Wärmeleitern. Das Gefäß wird mit irgend einer bei passender Temperatur gefrierenden Flüssigkeit gefüllt und in ein größeres Gefäß eingehängt, in welchem eine Kühlflüssigkeit zirkuliert, die auf einer etwa 4—5°C unterhalb des Gefrierpunktes der Füllflüssigkeit liegenden konstanten Temperatur gehalten wird.

Die Flüssigkeit im Modellgefäß erstarrt allmählich von außen nach innen (hauptsächlich von unten nach oben) an dem gekühlten Bodenblech und in ganz geringem Maß an den schlecht leitenden Wandungen, wobei in jedem Augenblick die Oberfläche des erstarrten Teiles eine Isothermfläche des durch das Hohlmodell dargestellten Gebirges bildet, vorausgesetzt, daß das Gebirg als homogen und die Oberfläche des Gebirges selbst als Isothermfläche angenommen, d. h. also, daß von der Verschiedenheit der Oberflächentemperaturen des Gebirges von Ort zu Ort abgesehen und die Gebirgoberfläche als mit einer überall gleichen Temperatur behaftet angesehen wird.

Macht man das Füllgefäß tief genug, so würden schließlich die Erstarrungsflächen zu wagrechten Ebenen werden, entsprechend den wagrechten ebenen Isothermflächen in großer Tiefe unter einem homogenen Gebirg.

Von Zeit zu Zeit wird die Oberfläche des erstarrten Teiles mit Hilfe von senkrechten, in einem Rost geführten Sonden abgetastet und festgestellt. Im vorliegenden Fall wird man die Feststellung auf die Lotebene durch die Tunnelachse beschränken.

Der Temperaturwert der in ihrer Form festgestellten Isothermflächen bzw. Isothermkurven könnte ermittelt werden aus der Überlegung, daß die Gewichts- also auch die Volumenzunahmen des jeweilig erstarrten Teiles den Temperaturunterschieden der Isothermflächen des Gebirgs proportional sein müssen. Hat man den Temperaturwert einer oder mehrerer Isothermflächen durch Beobachtung in Bohrlöchern oder im fortschreitenden Richtstollen und die mittlere Bodentemperatur festgestellt, so lassen sich die Temperaturwerte der übrigen Isothermflächen bestimmen.

Die Berücksichtigung des Wechsels der mittleren Bodentemperatur von Ort zu Ort bei dieser Methode erscheint zwar nicht ganz ausgeschlossen, indem man, etwa durch veränderliche Blechdicke des Bodens des Füllgefäßes oder durch Belegen mit passenden Isolierstoffen den Wärmedurchgang so verändert, daß die neuen Gefrieroberflächen den Isothermflächen im homogenen Gebirg unter Berücksichtigung der Bodentemperatur entsprechen. Ob aber die jedenfalls sehr verwickelte, viele Vorversuche erheischende Aufgabe, die Isolierstoffe passend zu wählen, in einer einigermaßen befriedigenden Weise gelöst werden kann, erscheint zweifelhaft. Man wird sich deshalb wohl von vornherein entschließen, die oben skizzierte kalorische Methode zu beschränken auf den Fall,

daß man die oberste Gebirgkruste als mit der durchschnittlichen mittleren Jahrestemperatur behaftet voraussetzt.

Immerhin ist auch unter dieser vereinfachten Annahme die praktische Durchführung der Methode noch recht umständlich und kostspielig und ihre Ergebnisse dürften
an Genauigkeit den bei der elektrischen erreichbaren bei weitem nicht gleichkommen.

**3.** Näher liegend und anscheinend leichter durchführbar als die vorstehend dargestellte Methode wäre ein „thermischer" Modellversuch. Bei diesem könnte, wohl
ohne allzu große Schwierigkeit, außer den wahren Bodentemperaturen an jedem Ort
der Gebirgoberfläche, auch noch die Verschiedenheit der Wärmeleitfähigkeit der
geologischen Schichten des Gebirgs berücksichtigt werden, vorausgesetzt, daß deren
Art und Verlauf genügend genau bekannt wären.

Man müßte zu diesem Zweck im Maßstab von etwa 1:15000 oder 1:20000 ein
Modell von ausreichender Ausdehnung herstellen, das bei Verzicht auf die Berücksichtigung der Verschiedenheit der Wärmeleitfähigkeit der einzelnen geologischen Schichten aus homogenem Stoff, andernfalls, bei deren Berücksichtigung, aus verschiedenen
entsprechend gewählten Stoffen besteht, so daß das Modell auch in geologischer Hinsicht eine naturgetreue Nachbildung des Gebirgs im verkleinerten Maßstab darstellt.
Seine untere ebene und wagrechte Begrenzung müßte einer solchen Tiefenlage entsprechen, daß die Isothermflächen daselbst als wagrechte Ebenen angesehen werden
können. Die untere ebene Grenzfläche müßte konstant auf einer, ihrer Tiefenlage
entsprechenden, aus der allgemeinen geothermischen Tiefenstufe angenähert bestimm-
baren Temperatur gehalten werden. Die senkrechten Seitenflächen müßte man möglichst wärmeundurchdringlich machen. Die obere Grenzfläche des Modells, also die
verkleinerte Nachbildung der Gebirgoberfläche wäre in Bezirke abzuteilen, die man
dauernd auf Temperaturen hält, welche gleich sind den mittleren Bodentemperaturen
der entsprechenden Bezirke in der Natur. Alle diese der Natur entsprechenden Temperaturen kann man selbstverständlich auch um ein und denselben Betrag erhöhen, so
daß auch die niedrigste vorkommende Temperatur bequem hergestellt werden kann.

Durch feine Bohrungen könnten dann nach Eintritt des Beharrungszustands mit
Hilfe von Thermoelementen die Temperaturen unmittelbar in der Tunnelachse ge-
messen werden. Da das Endziel der ganzen Untersuchung gerade die Ermittlung der
Gesteintemperaturen in der Tunnelachse ist, so kann man sich auf diese beschränken.
Doch könnten in gleicher Weise auch die Temperaturen an beliebigen andern Punk-
ten und damit die Gestalt der Isothermflächen ermittelt werden.

Von den beiden Versuchsanordnungen 2 und 3 dürfte die letztere, der „thermische"
Modellversuch, nicht nur wegen seiner einfacheren, sichereren Durchführbarkeit, sondern
auch wegen der Möglichkeit, außer den Bodentemperaturen auch die geologischen
Verhältnisse unmittelbar berücksichtigen zu können, den Vorzug verdienen.

Keine dieser beiden Methoden ist auf ihre Brauchbarkeit von mir geprüft worden,
teils wegen ihrer jedenfalls recht hohen Kosten, zu deren Bestreitung mir die Mittel
fehlten, teils wegen der guten Ergebnisse, welche die „elektrische" Methode, der Er-
wartung entsprechend, geliefert hat.

# Elektrische experimentelle Methode der Vorausbestimmung der Gesteintemperatur im Innern eines Gebirgmassivs.

## I. Teil.

### 1. Theoretische Grundlage.

Die Methode gründet sich auf die bekannte physikalische Tatsache, daß die Differentialgleichung des stationären Wärmestroms in einem homogenen Körper

$$\frac{\partial^2 t}{\partial x^2} + \frac{\partial^2 t}{\partial y^2} + \frac{\partial^2 t}{\partial z^2} = 0$$

auch für einen elektrischen Kondensator sowie bei einigen anderen physikalischen Vorgängen gilt. Man kann somit den Temperaturzustand eines, der stationären Wärmeströmung unterworfenen Körpers konform abbilden durch den Zustand eines künstlichen elektrostatischen Feldes und die Bestimmung der Temperatur an irgendeinem Punkt des Körpers zurückführen auf.die Ermittlung des elektrischen Potentials in dem entsprechenden Punkt des künstlichen elektrostatischen Feldes.

### 2. Anwendung der theoretischen Grundlage.

Zur Verdeutlichung der Anwendung dieser allgemein ausgesprochenen Beziehungen möge der Fall eines zu untersuchenden Gebietes mit geradlinigem Tunnel betrachtet werden.

Man denke sich auf der Karte der Erdoberfläche ein Rechteck abgegrenzt, dessen Langseiten mit der Tunnelachse gleichlaufen und gleich weit von der Tunnelachse, und dessen Querseiten gleich weit von den Tunnelmündungen abstehen. Den unter diesem Rechteck liegenden Erdkörper denke man sich durch eine wagrechte Ebene in solcher Tiefe abgegrenzt, daß diese Ebene selbst als Isothermfläche betrachtet werden kann.

Nun verfertige man in passendem Maßstab von dem so abgegrenzten Gebiet der Erdoberfläche ein Hohlmodell, belege die Innenfläche etwa mit Aluminiumfolie und lade sie in einzelnen, voneinander elektrisch isolierten Gebieten auf, derart, daß z. B. die Anzahl Volt Spannung eines Gebietes genau gleich sei der Anzahl Grad Celsius mittlerer Jahresbodentemperatur des entsprechenden Gebietes in der Natur. An die Stelle der unteren ebenen Grenzfläche des Erdkörpers bringe man eine ebene Metallplatte — im folgenden „Untere Platte" genannt — und lade diese auf so viel Volt, als Grade Celsius Temperatur in der Tiefe der Grenzebene in der Natur herrschen, wobei vorausgesetzt ist, daß auch diese Temperatur bekannt sei.

Das so zwischen der Modellfläche und der „Unteren Platte" entstehende elektrostatische Feld stellt in genügender Entfernung von den seitlichen Grenzen des betrachteten Gebiets ein genaues Bild dar des Temperaturzustands im Innern des ausgeschnittenen Erdkörpers, wenn dieser als homogen, kein Wasser führend und frei von andern Wärmeeinflüssen als der natürlichen Erdwärme vorausgesetzt wird. Je größer der

Ausschnitt gewählt wird, desto größer wird auch der Raum sein, innerhalb welches die elektrische Abbildung des thermischen Feldes zutrifft. Die beste Übereinstimmung wird voraussichtlich in der lotrechten Mittelebene durch die Tunnelachse stattfinden, also gerade dort, wo man vor allem die Temperaturen zu kennen wünscht.

Würde man beispielsweise an Punkten der Tunnelachse im Modell, also in dem Luftraum zwischen „Erdoberfläche" und „Untere Platte", Spannungen von 23, 32, 45 usw. Volt festgestellt haben, so würden an den entsprechenden Stellen in der Natur Temperaturen von 23, 32, 45 usw. Grad Celsius zu erwarten sein.

Die vorstehende Beziehung: „Anzahl Volt Spannung = Anzahl Grad Celsius Gesteintemperatur" ist hier lediglich gewählt zur Verdeutlichung der Methode. Bei der Durchführung des Versuchs selbst muß man, da man vorerst die wirkliche Temperatur der unteren Grenzebene nicht genügend genau kennt, für die „Untere Platte" eine Spannung willkürlich annehmen und ausgehen von der Beziehung: die Spannungsunterschiede zwischen 2 Punkten im Modell (elektrischer Kondensator) innerhalb des Übereinstimmungsgebietes sind proportional den Temperaturunterschieden in der Natur. Darauf soll jedoch erst bei der näheren Beschreibung der Versuche eingegangen werden.

Durch die Verwandlung des thermischen Problems in ein elektrisches ist die Aufgabe der Bestimmung der Gesteintemperatur zurückgeführt auf die „Abtastung" eines elektrostatischen Feldes, eine Messung, die an Einfachheit, Raschheit und Genauigkeit nichts zu wünschen übrigläßt. Alle Vorbereitungen zur Beschaffung des elektrostatischen Feldes sind rein handwerksmäßiger Natur. Sie erheischen allerdings zuverlässige, sehr genaue aber nicht schwierige Arbeit. Die entscheidenden Spannungsmessungen längs der Tunnelachse lassen sich, wenn einmal alle vorbereitenden Untersuchungen erledigt sind, in wenigen Stunden bequem und in einfachster Weise durchführen. Die Verwertung der gemessenen Spannungen zur Bestimmung der Gesteintemperatur ist ebenfalls elementarster Art.

Die Herstellung und Untersuchung solcher elektrostatischer Modellfelder ist zur Erforschung des elektrischen Erdfeldes von Hermann Ebert und C. W. Lutz begründet und veröffentlicht worden in „Beiträge zur Physik der freien Atmosphäre. Zeitschrift für die wissenschaftliche Erforschung der höheren Luftschichten. Herausgegeben von R. Aßmann und H. Hergesell. Bd. II, Heft 5. Straßburg 1908".

Weitere ausgedehnte Anwendung erfuhr die Methode durch Karl Hoffmann („Experimentelle Prüfung der durch verschiedene Messungsanordnungen in einem homogenen elektrischen Felde hervorgerufenen Störungen (Deformationen) der Niveauflächen." Doktor-Dissertation. München 1911).

Die Methode der Herstellung und Ausmessung elektrostatischer Modellfelder an sich ist also nichts Neues, sondern längst begründet und hat sich ausgezeichnet bewährt. Neu ist lediglich ihre Anwendung auf ein elektrostatisches Feld, das die konforme Abbildung eines thermischen Feldes darstellt, so daß Temperaturmessungen zurückgeführt werden auf elektrostatische Spannungsmessungen.

Die Suche nach einer experimentellen Lösung des Temperaturproblems bei einem Tunnelbau hatte mich bereits während des Baues des Simplontunnels beschäftigt, wo ich in reichem Maße Gelegenheit hatte, die die Tunnelarbeit außerordentlich erschwerenden Folgen hoher Wärmegrade des Gesteins durch eigene Erfahrung und darum auch die Bedeutung ihrer richtigen Vorausbestimmung kennenzulernen. Nach Beendigung des Baues an die Technische Hochschule in München zur Übernahme der Lehrkanzel für Tunnelbau berufen, fand ich in freien Stunden gastfreundliche Aufnahme in dem von Hermann Ebert geleiteten physikalischen Laboratorium, wo ich als Dilettant meiner Neigung zur Physik, diesem unentbehrlichen Rüstzeug des Ingenieurs, mich hingeben konnte. Hier machte mich Ebert auch mit seiner von ihm erfundenen Methode zur Untersuchung elektrostatischer Felder bekannt, und da ergab sich, sozusagen von selbst, die hier beschriebene experimentelle Lösung des Wärmeproblems. Ebert stellte mir alle Hilfsmittel seines

Laboratoriums zur Verfügung und dank seinem Rat und der reichen Unterstützung durch die Herren Dr. Hoffmann, Professor Dr. v. Angerer und Professor Dr. Dieckmann sowie der Hilfe, die mir Herr Präparator Fries bei der Zusammenstellung der Versuchseinrichtung leistete, konnten die Versuche durchgeführt werden. Auch Eberts Nachfolger, Herrn Geheimrat Professor Dr. Zenneck, bin ich für die mir gewährte Gastfreundschaft im Physikalischen Institut zu Dank verbunden. Die Mittel zur Beschaffung der Modelle und verschiedener Versuchseinrichtungen wurden mir von der Technischen Hochschule München und von der Jubiläumstiftung der Deutschen Industrie zur Verfügung gestellt, wofür ich beiden Stellen besten Dank auch hier ausspreche.

### 3. Versuchseinrichtung. Übersicht.
(Vgl. Tafel I und das Lichtbild auf dem Titelblatt.)

Es soll hier eine allgemeine Übersicht über die Versuchseinrichtung gegeben werden, wie ich sie für die 2 von mir untersuchten Gebiete des Simplon- und Gotthardtunnels getroffen hatte. Die Besprechung von verschiedenen Einzelheiten folgt im II. Teil, S. 27 ff.

**1. Hohlmodell H.** Das Hohlmodell der Oberfläche des zu untersuchenden Gebietes, aus eisenbewehrtem Gips in eisernem Rahmen bestehend, war an der starren Trägerdecke des Versuchsraumes (Kellergeschoß des Physikalischen Instituts der Technischen Hochschule in München), isoliert und gut verspannt, aufgehängt, die Ebenen der Schichtenlinien genau wagrecht. Die Höhenlage war so gewählt, daß die Achse des Tunnels mit einem Kathetometer bequem anvisiert werden konnte.

Die untere Fläche des Hohlmodells war mit Aluminiumfolie belegt. Sie war nach Schichtenlinien von 600 m Höhenabstand und nach Kamm- und Tallinien in eine große Zahl gegeneinander elektrisch isolierter Felder unterteilt, von denen jedes, wenn erwünscht und wenn ausreichend viel Beobachtungen vorlagen, mit der, seiner mittleren Bodentemperatur entsprechenden Spannung belegt werden konnte.

**2. Untere Platte UPl.** Entsprechend einer Höhenlage von 6000 m (Simplon) bzw. 8203 m (Gotthard) unter dem Meeresspiegel befand sich eine ebene Zinkblechtafel, elektrisch gut isoliert, auf einen Tisch gelegt. Es wurde angenommen, daß in dieser Meereshöhe die Isothermflächen als wagrechte Ebenen betrachtet werden können.

Auf der „Unteren Platte" war der Grundriß der Tunnelachse verzeichnet mit Angabe der Halbkilometerstationen.

**3. Aufladung des Hohlmodells H.** Zum Aufladen des Hohlmodells diente eine 9-zellige Akkumulatorenbatterie $A_H$, deren +Pol an das eine Ende eines Rheostaten R angelegt, deren —Pol, ebenso wie das andere Ende des Rheostaten R, geerdet war. Von passend gewählten Punkten des Rheostaten R führten Drahtleitungen nach den Klemmen der Schalttafel $S_H$ und von diesen Klemmen nach den einzelnen Feldern des Aluminiumbelags des Hohlmodells H. Es war dafür gesorgt, daß die Aufladspannung des Rheostaten R und damit auch die Aufladspannung der Felder des Belags von H unverändert erhalten werden konnte.

**4. Aufladung der Unteren Platte UPl.** Der +Pol einer Hochspannungsbatterie $A'_{UPl}$ und $A''_{UPl}$ war an die Untere Platte UPl angelegt, der —Pol wurde geerdet. Auch hier war eine Einrichtung getroffen, um die Aufladspannung von UPl dauernd auf gleicher Höhe zu erhalten.

**5. Abtastung des elektrostatischen Feldes.** Zum Abtasten des elektrostatischen Feldes wurde nach dem Vorgang von Ebert und Lutz ein Thomsonscher Wassertropfausgleicher (Kollektor) WA verwendet. Das wagrechte Sondierröhrchen desselben ragte senkrecht zur Lotebene durch die Tunnelachse so weit in das Feld herein, daß der Auflösungspunkt des feinen Wasserstrählchens gerade in diese Lotebene zu liegen kam. Das Wassergefäß des Ausgleichers befand sich so weit außerhalb des elektrischen Feldes, daß es im Meßbereich des Feldes keine Störung hervorrufen konnte.

Der Wassertropfausgleicher konnte parallel zum Grundriß der Tunnelachse wagrecht verschoben und in lotrechter Richtung gehoben und gesenkt werden, so daß der Auflösungspunkt des Strählchens an jede bei der Spannungsmessung in Betracht kommende Stelle der Lotebene durch die Tunnelachse gebracht werden konnte.

Die Einstellung des Auflösungspunktes des Strählchens auf den Meßpunkt geschah mit Hilfe des Kathetometers **Ka** und des kleinen Theodolits **Th**, wobei zur Stationierung die auf **UPl** vermerkten Halbkilometerstationen benützt wurden.

**6. Spannungsmesser.** Anfänglich wurde die Spannung des Wassertropfausgleichers mittels eines Lutz-Edelmannschen Saitenelektrometers gemessen. Es zeigte sich jedoch, daß die Angaben des Instruments nicht fein genug abgelesen werden konnten, und daß überdies die Eichskala ziemlich veränderlich war, so daß das Instrument sehr häufig geeicht werden mußte. Aus beiden Gründen ging ich dann zur Benützung eines Ebertschen Quadrantelektrometers über, bei dem beide Hemmnisse gänzlich vermieden sind und überdies das Auge beim Ablesen nicht so stark angestrengt wird, wie beim Saitenelektrometer. Allerdings hatte das Ebertsche Elektrometer eine etwa viermal größere Kapazität als das Saitenelektrometer, stellte sich also wesentlich langsamer ein. Doch spielt bei den hier vorzunehmenden Messungen dieser Zeitverlust gar keine Rolle, zumal er auch mehr als ausgeglichen wird durch die Zeitverluste beim oftmaligen Eichen des Saitenelektrometers. Die Eichung des Ebertschen Quadrantelektrometers hingegen lieferte, solange am Instrument selbst keine Veränderung vorgenommen wurde, so unveränderliche Ergebnisse, daß es sich verlohnte, eine ausführliche Eichtafel auszurechnen, welche rascher, genauer und mit viel geringerer Anstrengung der Augen die den Ablesungen entsprechenden Spannungswerte zu entnehmen gestattete als die Eichkurve.

### 4. Durchführung des Versuchs.

Auch die Durchführung des Versuchs soll hier nur in ihren wesentlichen Schritten dargelegt werden, während eine eingehendere Behandlung der vorbereitenden, der Zwischenuntersuchungen, der eigentlichen Messungen und ihrer Verwertung späteren Abschnitten vorbehalten bleibt.

Genaue Einstellung des Hohlmodells und der Unteren Platte, Prüfung der Isolationen, insbesondere zwischen den Belagfeldern des Hohlmodells, und Eichung des Elektrometers gingen dem Hauptversuch voran.

Die Bestimmung der Spannungen, welche den einzelnen Belagfeldern des Hohlmodells, entsprechend den mittleren Bodentemperaturen, zu erteilen waren, geschah durch einen besonderen Vorversuch.

Angesichts der sehr geringen Zahl von Beobachtungen der Bodentemperaturen, die für die beiden Gebiete des Simplon und Gotthard vorlagen und die überdies fast ausnahmslos innerhalb eines schmalen Streifens über den Tunnelachsen vorgenommen worden waren, mußte darauf verzichtet werden, die mittlere Bodentemperatur jedes einzelnen Feldes zu ermitteln. Es wurde folgendermaßen verfahren:

Die ganze Oberfläche wurde durch wagrechte Ebenen im Abstand von je 600 m in einzelne Oberflächengebiete geteilt. Für jedes solches, zwischen 2 wagrechten Ebenen liegendes Oberflächengebiet wurde die mittlere Bodentemperatur bestimmt. Die dabei erforderliche Ermittlung der wahren Größe der Oberfläche geschah nach der Methode von S. Finsterwalder ("Über den mittleren Böschungswinkel und das wahre Areal einer topographischen Fläche", Sitzungsberichte d. mathem.-physikal. Klasse der Kgl. Bayer. Akademie der Wissenschaften 1890, Bd. XX, Heft 1), während die mittlere jährliche Bodentemperatur in einer bestimmten Höhe errechnet wurde aus der nach G. Niethammer (Eclogae geologicae Helvetiae, Vol. XI, Nr. 1, Juni 1910, S. 98 ff.) gebildeten Gleichung der Bodentemperatur als Funktion der Meereshöhe.

Bei dem Vorversuch zur Ermittlung des Temperaturwertes von 1 $^{Volt}$ Spannung wurde der gesamte Belag des Modells geerdet. Es entsprach demnach die Spannung 0 $^{Volt}$ der mittleren Bodentemperatur des ganzen Gebiets. Die Untere Platte wurde auf etwas über 200 $^{Volt}$ aufgeladen. Unter diesen Bedingungen wurde eine vorläufige Messung der längs der Tunnelachse herrschenden Spannungen an jeder Kilometer- bzw. Halbkilometerstation vorgenommen und die gemessenen Spannungswerte wurden zur Aufzeichnung einer vorläufigen Spannungskurve verwendet.

Von dieser vorläufigen Spannungskurve wurden, von den Mündungen ausgehend, solche Stücke benützt, auf deren entsprechenden Strecken der Richtstollen als bereits aufgefahren angesehen war, die wahren Gesteintemperaturen also bereits als bekannt angenommen werden durften.

Verglich man die vom Spannungskurvenstück, den beiden Endordinaten und der Abszissenachse eingeschlossene Fläche mit der entsprechenden Fläche der Kurve der Gesteintemperaturen, so ergab sich damit der gesuchte Maßstab zur Verwandlung der Bodentemperaturgrade in Volt Spannung.

Die sämtlichen so ermittelten Spannungen wurden um so viel erhöht, daß der niedrigsten (negativen) vorkommenden mittleren Bodentemperatur die Spannung = 0 entsprach. Um den gleichen Betrag wurde auch die Spannung der Unteren Platte erhöht.

Nunmehr konnten die eigentlichen Spannungsmessungen beginnen. Es wurden ihrer zweierlei vorgenommen:

a) alle ½ km längs der Tunnelachse,
b) alle ganzen km längs der an diesen Stellen errichtet gedachten Lotlinien.

Die Messungen unter a) dienten lediglich zur Bestimmung der Gesteintemperaturen längs der Tunnelachse, während die Messungen unter b), die sich über die Lotebene durch die Tunnelachse erstreckten, innerhalb des hier interessierenden und für die Sonde des Wassertropfausgleichers zugänglichen Bereiches die Ermittlung des Verlaufes der Geoisothermen bezweckten.

Im folgenden sind die Ergebnisse der Messungen an den beiden Modellen des Simplon- und des Gotthardtunnelgebietes zusammengestellt.

### 5. Ergebnisse der an den Modellen durchgeführten Hauptversuche.

#### A. Simplon.

##### I. Messungen längs der Tunnelachse.

Die Ergebnisse der Messung der Spannungen im elektrostatischen Modellfeld längs der Tunnelachse und die daraus abgeleiteten sowie die tatsächlich beobachteten Gesteintemperaturen sind aus Zahlentafel 1 zu entnehmen und in Tafel II zeichnerisch dargestellt.

Spalte 1 der Zahlentafel 1 enthält die Meßstellen im Tunnel, wobei **N** = Nord, **S** = Süd und die beigefügte Zahl die ganzen bzw. halben Kilometer von der betreffenden Mündung (**N** Brig, **S** Iselle) bedeuten.

Die Spalten 2 bis 7 enthalten die bei 6 Versuchen gemessenen Spannungen $\mathfrak{S}$ längs der Tunnelachse. Bei den Versuchen 2 (Spalte 3) und 6 (Spalte 7) wurden außerdem die Spannungen längs der Lotlinie gemessen in so viel Punkten, als möglich und ausreichend erschien, um die Geoisothermen bis zu jener von 150°C konstruieren zu können. Die Messungen längs der Lotlinie geschahen nur an den ganzen Kilometern.

Bei den 4 Versuchen 1, 3, 4 und 5 wurde die Spannung nur in der Tunnelachse gemessen, und zwar an allen Halbkilometerstationen.

Die Mittelwerte $\mathfrak{B}_m$ der an jeder Station gemessenen Spannungen $\mathfrak{B}$ sind in Spalte 8 eingetragen. Sie sind an den ganzen Kilometerstationen aus je 6, an den Halbkilometerstationen aus je 4 Einzelwerten gebildet.

Spalte 9 enthält die beobachteten wahren Gesteintemperaturen **t**. Wegen der Art, wie die Beobachtungen von **t** angestellt wurden, sind die Werte von ungleicher Zuverlässigkeit[1]. Die geringsten Abweichungen vom wahren Wert dürften diese Gesteintemperaturen auf den Strecken von N7.3 bis N9.4 und von S1 bis S9.4 aufweisen. Auf letzterer Strecke wurden die Felstemperaturen etwa 8—10 m hinter Stollenort anfänglich, nach Herstellung des erforderlichen Bohrlochs von 1.5 m Tiefe, in rascher, dann in allmählich sich verlangsamender Zeitfolge von mir selbst durch 8—10 Tage hindurch gemessen, so daß die Abkühlungskurve des Gesteins mit großer Genauigkeit festgestellt und daraus durch Extrapolation die ursprüngliche, dem Gestein vor Aufschluß durch den Stollenvortrieb zukommende Felstemperatur mit guter Annäherung an den wahren Wert ermittelt werden konnte. Die höchste Gesteintemperatur fand sich beim km N8.05. Sie betrug nach den Messungen der „Baugesellschaft für den Simplontunnel" 56°C. In Zahlentafel 1 wurde der von G. Niethammer angegebene hievon abweichende Wert 55.4°C eingesetzt.

Die Gesteintemperaturen $t_a$ der Spalte 10 wurden ermittelt mit Hilfe der Spannungskurve der $\mathfrak{B}_m$ und unter Verwendung der tatsächlich auf den Strecken N0 bis N4 und S0 bis S1.5 im Richtstollen beobachteten Gesteintemperaturen. Auf diesen Strecken war aus dem Verlauf der Kurve der beobachteten Gesteintemperaturen zu schließen, daß man sich in einem, von Gebirgwassern unbeeinflußten Gebiet befinde. Die Abweichungen der so ermittelten Temperaturen von den tatsächlich beobachteten weist Spalte 11 auf. Der zu erwartende Höchstwert von $t_a$ findet sich zu 55.6° bei km N10.

In gleicher Weise ist eine zweite Reihe von Temperaturen $t_b$ auf Grund der tatsächlich auf den Strecken N0 bis N8 und S0 bis S1.5 beobachteten Felstemperaturen ermittelt worden. Auch auf der Strecke N0 bis N8 ist eine Beeinflussung der Felstemperatur durch Gebirgwasser nicht zu erkennen. Die Unterschiede $t-t_b$ sind in Spalte 13 aufgeführt. Der Höchstwert von $t_b$ wurde zu 54.9° bei km N10 ermittelt. Die Temperaturen $t_b$ (Spalte 12) sind im Verhältnis $\dfrac{54.9}{55.6}$ kleiner als die $t_a$ der Spalte 10.

In Tafel II ist im Maßstab 1:50000 für die Längen sowohl wie für die Höhen das geologische Profil längs der Tunnelachse wiedergegeben, wie es von C. Schmidt und H. Preiswerk auf Grund der Aufschlüsse an der Oberfläche des Simplontunnelgebiets und im Tunnel selbst konstruiert worden ist.

Aus der Tafel II ist die Lage der Unteren Platte zu 6000 m unter dem Meeresspiegel zu entnehmen, d. h. die Lage jener Fläche, in welcher die Geoisothermfläche als Ebene, ihr Schnitt mit der Lotebene durch die Tunnelachse als Gerade vorausgesetzt werden durfte.

Über **UPl** als Abszissenachse sind die Werte $\mathfrak{B}_m$ (Zahlentafel 1 Spalte 8) im Maßstab 1 Volt = 5⅓ mm als Ordinaten aufgetragen. Diese Kurve der $\mathfrak{B}_m$ (in der Tafel blau gestrichelt) bildet die Grundlage für die Vorausbestimmung der Gesteintemperaturen im Tunnel, wie schon oben dargelegt. Sie wird ein für allemal durch den elektrischen

[1] Siehe darüber G. Niethammer, Eclogae Geologicae Helvetiae, Vol. XI., No. 1, S. 106, woselbst auch Näheres über den Grad der Zuverlässigkeit der t zu entnehmen ist.

**Spannungen, beobachtete und experimentell ermittelte Gestein-**
Die Umränderung kennzeichnet die Strecken, deren wahre Gestein-

| Versuch | Spannungen | | | | | | Mittel | Gesteintemperaturen | | | | |
| | 1 | 2 | 3 | 4 | 5 | 6 | | beobachtet | experimentell bestimmt | | | |
| | | | | | | | | | a) aus NO∞4+SO∞1.5 | | b) aus NO∞8+SO∞1.5 | |
| | $\mathfrak{V}$ | $\mathfrak{V}$ | $\mathfrak{V}$ | $\mathfrak{V}$ | $\mathfrak{V}$ | $\mathfrak{V}$ | $\mathfrak{V}_m$ | $t$ | $t_a$ | $t-t_a$ | $t_b$ | $t-t_b$ |
| km | Volt | Volt | Volt | Volt | Volt | Volt | Volt | °C | °C | °C | °C | °C |
| 1 | 2 | 3 | 4 | 5 | 6 | 7 | 8 | 9 | 10 | 11 | 12 | 13 |
| N 0 | 5.48 | 5.48 | 5.48 | 5.63 | 5.63 | 5.63 | 5.55 | 6.4 | 8.0 | —1.6 | 7.9 | —1.5 |
| 0.5 | 9.90 | — | 10.40 | 8.95 | 10.81 | — | 10.01 | 14.3 | 14.4 | —0.1 | 14.2 | +0.1 |
| 1 | 10.35 | 11.20 | 11.60 | 9.59 | 10.99 | 12.08 | 10.97 | 16.9 | 15.8 | +1.1 | 15.6 | +1.3 |
| 1.5 | 12.63 | — | 12.90 | 11.59 | 13.73 | — | 12.71 | 19.2 | 18.3 | +0.9 | 18.0 | +1.2 |
| 2 | 14.96 | 15.40 | 16.60 | 14.61 | 16.75 | 16.88 | 15.87 | 21.0 | 22.8 | —1.8 | 22.5 | —1.5 |
| 2.5 | 18.94 | — | 19.10 | 18.43 | 19.77 | — | 19.06 | 23.7 | 27.4 | —3.7 | 27.0 | —3.3 |
| 3 | 20.99 | 20.80 | 21.40 | 21.23 | 22.03 | 22.33 | 21.46 | 27.6 | 30.8 | —3.2 | 30.5 | —2.9 |
| 3.5 | 22.43 | — | 22.50 | 22.62 | 22.93 | — | 22.62 | 30.0 | 32.5 | —2.5 | 32.1 | —2.1 |
| 4 | 22.44 | 22.80 | 23.10 | 23.35 | 23.06 | 22.82 | 22.93 | 30.7 | 32.9 | —2.2 | 32.5 | —1.8 |
| 4.5 | 23.05 | — | 23.80 | 24.99 | 23.47 | — | 23.83 | 31.5 | 34.2 | —2.7 | 33.8 | —2.3 |
| 5 | 24.98 | 24.30 | 25.00 | 26.63 | 25.05 | 25.30 | 25.21 | 34.5 | 36.2 | —1.7 | 35.8 | —1.3 |
| 5.5 | 27.40 | — | 27.30 | 27.83 | 27.29 | — | 27.45 | 37.8 | 39.4 | —1.6 | 39.0 | —1.2 |
| 6 | 29.65 | 28.70 | 29.60 | 30.01 | 29.67 | 29.96 | 29.60 | 40.9 | 42.5 | —1.6 | 42.0 | —1.1 |
| 6.5 | 31.79 | — | 32.00 | 31.86 | 31.76 | — | 31.85 | 44.1 | 45.8 | —1.7 | 45.2 | —1.1 |
| 7 | 33.66 | 32.80 | 33.70 | 33.51 | 33.65 | 33.83 | 33.52 | 47.3 | 48.2 | —0.9 | 47.6 | —0.3 |
| 7.5 | 35.29 | — | 35.10 | 34.91 | 35.18 | — | 35.12 | 53.5 | 50.5 | +3.0 | 49.8 | +3.7 |
| 8 | 36.56 | 36.50 | 36.60 | 36.34 | 36.35 | 36.60 | 36.49 | 55.2 | 52.4 | +2.8 | 51.8 | +3.4 |
| 8.05 | — | — | — | — | — | — | — | 55.4 | 52.6 | +2.8 | 52.0 | +3.4 |
| 8.5 | 37.87 | — | 37.90 | 37.59 | 37.74 | — | 37.78 | 54.2 | 54.3 | —0.1 | 53.6 | +0.6 |
| 9 | 38.50 | 38.50 | 38.50 | 38.34 | 38.41 | 38.30 | 38.43 | 52.2 | 55.2 | —3.0 | 54.5 | —2.3 |
| 9.5 | 38.92 | — | 38.40 | 38.73 | 38.64 | — | 38.67 | 51.2 | 55.6 | —4.4 | 54.8 | —3.6 |
| N 10 | 38.02 | 38.80 | 39.10 | 38.74 | 38.71 | 38.92 | 38.71 | 49.7 | 55.6 | —5.9 | 54.9 | —5.2 |

Modellversuch festgelegt und dient für die Ermittlung aller weiterer Prognosen der Felstemperaturen in dem Maß, als das Fortschreiten des Richtstollens neue Werte der wahren Felstemperatur liefert.

Die Ordinaten der rot ausgezogenen Kurve bedeuten im Maßstab $3^1/_3{}^{mm} = 1^{0\,C}$ die im Richtstollen gemessenen Gesteintemperaturen.

Unter Heranziehung der wahren Gesteintemperaturen, wie sie in den jeweilig aufgefahrenen beiden Stollenstrecken vor Ort gemessen worden waren, wurden die Umzeichnungsverhältnisse $\dfrac{F_T}{F_{\mathfrak{V}_m}}$ ermittelt. Dabei bedeutet $F_T$ die von den Ordinaten $t$ am Anfang und Ende der benutzten Stollenstrecken, von der Abszissenachse und von der Kurve der wahren Gesteintemperaturen eingeschlossene Fläche. $F_{\mathfrak{V}_m}$ die entsprechende Fläche der Spannungskurve $\mathfrak{V}_m$. $\mathfrak{V}_m \times \dfrac{F_T}{F_{\mathfrak{V}_m}}$ ist dann die gesuchte Ordinate der Kurve der zu erwartenden Gesteintemperaturen (in der Tafel blau ausgezogen).

tafel 1.

**temperaturen an den Halbkilometerstationen im Simplon-Tunnel.**

temperaturen zur Ableitung von $t_a$ und $t_b$ benützt worden sind.

| Versuch | Spannungen | | | | | | | beob-achtet | Gesteintemperaturen experimentell bestimmt | | | |
| | 1 | 2 | 3 | 4 | 5 | 6 | Mittel | | a) aus NO∞4+SO∞1.5 | | b) aus NO∞8+SO∞1.5 | |
| | $\mathfrak{B}$ | $\mathfrak{B}$ | $\mathfrak{B}$ | $\mathfrak{B}$ | $\mathfrak{B}$ | $\mathfrak{B}$ | $\mathfrak{B}_m$ | $t$ | $t_a$ | $t-t_a$ | $t_b$ | $t-t_b$ |
| km | Volt | Volt | Volt | Volt | Volt | Volt | Volt | °C | °C | °C | °C | °C |
| 1 | 2 | 3 | 4 | 5 | 6 | 7 | 8 | 9 | 10 | 11 | 12 | 13 |
| S 10 | 38.07 | 37.90 | 38.80 | 38.74 | 38.56 | 38.71 | 38.46 | 50.6 | 55.3 | − 4.7 | 54.6 | − 4.0 |
| 9.5 | 38.68 | — | 38.80 | 38.68 | 38.41 | — | 38.64 | 47.7 | 55.5 | − 7.8 | 54.8 | − 7.1 |
| 9 | 38.67 | 38.00 | 38.80 | 39.17 | 38.42 | 38.95 | 38.67 | 41.5 | 55.6 | −14.1 | 54.9 | −13.4 |
| 8.5 | 38.38 | — | 38.60 | 38.95 | 37.77 | — | 38.42 | 39.4 | 55.2 | −15.8 | 54.5 | −15.1 |
| 8 | 37.70 | 37.60 | 38.10 | 38.47 | 37.16 | 38.26 | 37.88 | 39.3 | 54.4 | −15.1 | 53.8 | −14.5 |
| 7.5 | 36.93 | −− | 37.70 | 37.75 | 36.66 | — | 37.26 | 39.3 | 53.6 | −14.3 | 52.9 | −13.6 |
| 7 | 36.25 | 36.70 | 36.90 | 37.40 | 36.14 | 37.00 | 36.73 | 39.0 | 52.8 | −13.8 | 52.1 | −13.1 |
| 6.5 | 35.67 | — | 36.20 | 36.76 | 35.45 | — | 36.02 | 39.4 | 51.8 | −12.4 | 51.1 | −11.7 |
| 6 | 35.29 | 35.30 | 35.90 | 35.81 | 34.69 | 35.48 | 35.41 | 37.4 | 50.9 | −13.5 | 50.3 | −12.9 |
| 5.5 | 34.43 | — | 34.70 | 34.79 | 33.99 | — | 34.48 | 34.1 | 49.6 | −15.5 | 48.9 | −14.8 |
| 5 | 33.55 | 33.00 | 33.60 | 33.99 | 33.08 | 33.47 | 33.45 | 26.4 | 48.1 | −21.7 | 47.5 | −21.1 |
| 4.5 | 31.97 | — | 33.00 | 32.61 | 31.97 | — | 32.39 | 19.8 | 46.6 | −26.8 | 46.0 | −26.2 |
| 4.4 | — | — | — | — | — | — | — | 18.3 | 46.3 | −28.0 | 45.7 | −27.4 |
| 4 | 31.12 | 30.90 | 31.80 | 31.47 | 31.14 | 31.50 | 31.32 | 25.8 | 45.0 | −19.2 | 44.4 | −18.6 |
| 3.5 | 30.05 | — | 30.50 | 30.58 | 30.27 | — | 30.35 | 29.5 | 43.6 | −14.1 | 43.1 | −13.6 |
| 3 | 29.03 | 28.60 | 29.30 | 29.34 | 29.04 | 29.13 | 29.07 | 31.8 | 41.8 | −10.0 | 41.3 | − 9.5 |
| 2.5 | 26.63 | — | 27.00 | 26.85 | 26.93 | — | 26.85 | 33.9 | 38.6 | − 4.7 | 38.1 | − 4.2 |
| 2 | 23.25 | 24.00 | 24.30 | 24.19 | 24.11 | 23.99 | 23.97 | 33.2 | 34.4 | − 1.2 | 34.0 | − 0.8 |
| 1.5 | 20.00 | — | 21.00 | 20.85 | 20.74 | — | 20.65 | 31.6 | 29.7 | + 1.9 | 29.3 | + 2.3 |
| 1 | 16.33 | 16.30 | 16.80 | 16.70 | 16.52 | 16.48 | 16.52 | 27.2 | 23.7 | + 3.5 | 23.4 | + 3.8 |
| 0.5 | 11.03 | — | 11.60 | 11.51 | 11.34 | — | 11.37 | 21.0 | 16.3 | + 4.7 | 16.1 | + 4.9 |
| S 0 | 5.48 | 5.48 | 5.48 | 5.63 | 5.63 | 5.63 | 5.55 | 8.0 | 8.0 | 0.0 | 7.9 | + 0.1 |

In Tafel II ist die Kurve der aus der Spannungskurve abgeleiteten Gesteintemperaturen unter Verwendung der wahren Felstemperaturen auf den von Gebirgwassern sichtlich unbeeinflußten Strecken N0 bis N8 und S0 bis S1.5 mit $\dfrac{F_T}{F_{\mathfrak{B}_m}} = 0.887$ ermittelt. Natürlich konnte es sich dabei nicht um eine Prognose der Felstemperatur handeln. Der Zweck war vielmehr in diesem Fall die Gewinnung einer Kurve der Felstemperaturen wie sie sich voraussichtlich längs der ganzen Tunnelachse gestaltet hätte, wenn der thermische Zustand des Simplonmassivs von unterirdischen Wasserläufen unbeeinflußt und in homogenem Gebirge von der durchschnittlichen Wärmeleitfähigkeit der Strecken N0 bis N8 und S0 bis S1.5 sich hätte ausbilden können.

Übrigens weichen die Ordinaten einer aus den wahren Felstemperaturen auf den Strecken N0 bis N4 und S0 bis S1.5 abgeleiteten Kurve (Umzeichnungsfaktor $\dfrac{F_T}{F_{\mathfrak{B}_m}} = 0.8981$) nur um 1.27% ab von der eben besprochenen (s. Zahlentafel 1, Spalte 10).

Die unterste (rot ausgezogene) Kurve zeigt den Verlauf der Temperatur des Bodens über dem Tunnel als Funktion der Seehöhe, ermittelt in der oben angegebenen Weise (s. S. 11).

Die Betrachtung und Vergleichung der beiden Kurven: der (blau ausgezogenen) Kurve der aus der Spannung abgeleiteten und jener (rot ausgezogenen) der wahren Felstemperaturen ergibt folgendes:

1. Auf den Strecken von N0 bis N7 und von S0 bis S1.5 zeigt sich eine Übereinstimmung, wie sie mit Rücksicht auf die unzureichenden Grundlagen für die Ermittlung der Bodentemperaturen über dem Tunnel kaum hätte erwartet werden dürfen.

2. Die abgeleitete Höchsttemperatur von 54.9° weicht nur um 0.5° von der gemessenen „wahren" Temperatur von 55.4° ab.

3. Die abgeleitete Höchsttemperatur wurde bei km N10 gefunden, während schon 2 km vorher, bei km N8.05, die höchste „wahre" Felstemperatur von 55.4° festgestellt worden war. Der Grund für diese Verschiebung ist zweifellos zu suchen in dem, etwa von km N5 an, immer geringer werdenden Einfallen der Schichten, wie ein Blick auf das geologische Profil zeigt. Mit der Abnahme des Einfallwinkels nimmt die Wärmeleitfähigkeit in der Richtung des Wärmestroms ab und der Temperaturgradient nimmt zu.

4. Von km N8.05 ab senkt sich die rote Kurve, anfänglich etwas weniger (bis km N10), dann aber außerordentlich stark bis km S8.5 unter die blaue Kurve, um von da ab in einer Höhe von etwa 39° gleichlaufend mit der Abszissenachse bis km S6.5 zu verlaufen. Deutlich zeigt sich hier der gewaltige kühlende Einfluß der sogenannten „heißen" Gebirgwasser auf der Strecke N10 bis S9, welche allein schon in den Tunnel mit einem Ertrag von 320 l/s sich ergossen. Welche Wassermengen in der Umgebung der Tunnelhöhlung unterirdisch abfließen, entzieht sich natürlich jeglicher Schätzung. Es ist klar, daß diese jedenfalls bedeutenden, von den Firnfeldern des Simplon durch die Klüfte herabströmenden Wassermassen dem Gebirge gewaltige Wärmemengen entziehen und so die Felstemperatur stark erniedrigen. Daß es sich hier nur um abkühlende und nicht, wie mehrfach behauptet worden war, um erwärmende Wirkung dieses Wassers handeln kann, beweist die Tatsache, daß stets die Temperatur der angeschlagenen Quellen niedriger war als die des umgebenden Gesteins, und zwar war der Temperaturunterschied um so größer, je ergiebiger die Quelle war.

Es ist auf diese Verhältnisse schon oben (S. 3) hingewiesen worden. Hervorhebenswert ist auch noch die Beobachtung, daß im Lauf der Zeit die Quellentemperatur sich bedeutend erniedrigt hat.

Eine noch viel bedeutendere und raschere Senkung der roten Kurve erfolgte bis km S4.4, wo die angeschlagenen Wasser anfänglich einen Ertrag von 1300 l/s lieferten.

5. Von km S4.4 an steigt die rote Kurve steil an bis zu einem neuen Höchstwert von rd. 34°, um dann rasch bis zum Wert der Bodentemperatur an der Tunnelmündung herabzusinken. Auch hier, auf der Strecke S2 bis S0, zeigt sich deutlich der Einfluß des Einfallwinkels der Schichten auf die Wärmeleitfähigkeit des Gesteins.

Die Unterschiede zwischen der wahren und der abgeleiteten Felstemperatur sind den Spalten 11 und 13 der Zahlentafel 1 für die beiden obenerwähnten Fälle der herangezogenen Stollenstrecken zu entnehmen.

In Zahlentafel 2 ist noch eine Reihe von Umzeichnungsverhältnissen $\frac{F_T}{F_{\mathfrak{W}_m}}$ und Höchsttemperaturen $T_{max}$ zusammengestellt, wie sie beim Vordringen der Stollenörter durch die neu hinzugekommenen Werte der Felstemperatur vor Ort sich ergeben. Für die in der Zahlentafel umränderten Strecken sind die Werte der abgeleiteten Gesteintemperaturen an sämtlichen Halbkilometerstationen in Zahlentafel 1, Spalte 10 und 12, angegeben. Die Strecke N0 bis N8 und S0 bis S1.5 liegt überdies der (blauen) Kurve der abgeleiteten Felstemperatur in Tafel II zugrunde.

Zahlentafel 2.

Aus der Spannungskurve abgeleitete Höchsttemperaturen $T_{max}$ des Gesteins und zugehörige Umzeichnungsverhältnisse $\dfrac{F_T}{F_{\mathfrak{W}m}}$, ermittelt aus den auf verschiedenen Strecken $N0 \sim n$ und $S0 \sim s$ beobachteten Gesteintemperaturen im Simplon-Tunnel.

| Benützte Strecken von N0 bis $N_n$ S0 bis $S_s$ | $\dfrac{F_T}{F_{\mathfrak{W}}}$ | $T_{max}$ °C | Benützte Strecken von N0 bis $N_n$ S0 bis $S_s$ | $\dfrac{F_T}{F_{\mathfrak{W}}}$ | $T_{max}$ °C | Benützte Strecken von N0 bis $N_n$ S0 bis $S_s$ | $\dfrac{F_T}{F_{\mathfrak{W}}}$ | $T_{max}$ °C |
|---|---|---|---|---|---|---|---|---|
| 1 | 2 | 3 | 1 | 2 | 3 | 1 | 2 | 3 |
| $N_1$ | 0.9067 | 56.2 | $N_4 + S_{3.5}$ | 0.9038 | 56.0 | $N_6 + S_{3.5}$ | 0.8892 | 55.1 |
| $N_2$ | .9149 | 56.7 | $N_4 + S_4$ | .8782 | 54.4 | $N_6 + S_4$ | .8711 | 54.0 |
| $N_2 + S_{1.5}$ | .9825 | 60.9 | $N_5 + S_{1.5}$ | .8831 | 54.7 | $N_7 + S_{1.5}$ | .8769 | 54.3 |
| $N_2 + S_2$ | .9689 | 60.0 | $N_5 + S_2$ | .8864 | 54.9 | $N_7 + S_2$ | .8795 | 54.5 |
| $N_3 + S_{1.5}$ | .9236 | 57.2 | $N_5 + S_{2.5}$ | .9156 | 56.7 | $N_7 + S_{2.5}$ | .8996 | 55.7 |
| $N_3 + S_2$ | .9226 | 57.1 | $N_5 + S_3$ | .9064 | 56.1 | $N_7 + S_3$ | .8941 | 55.4 |
| $N_3 + S_{2.5}$ | .9649 | 59.8 | $N_5 + S_{3.5}$ | .8923 | 55.3 | $N_7 + S_{3.5}$ | .8848 | 54.8 |
| $N_3 + S_3$ | .9448 | 58.5 | $N_5 + S_4$ | .8710 | 53.9 | $N_8 + S_{1.5}$ | .8868 | 54.9 |
| $N_4 + S_{1.5}$ | .8981 | 55.6 | $N_6 + S_{1.5}$ | .8809 | 54.6 | $N_8 + S_2$ | .8883 | 55.0 |
| $N_4 + S_2$ | .9003 | 55.8 | $N_6 + S_2$ | .8838 | 54.7 | $N_8 + S_{2.5}$ | .9048 | 56.0 |
| $N_4 + S_{2.5}$ | .9350 | 57.7 | $N_6 + S_{2.5}$ | .9079 | 56.2 | $N_8 + S_3$ | .9002 | 55.7 |
| $N_4 + S_3$ | .9220 | 57.1 | $N_6 + S_3$ | .9009 | 55.8 | $N_8 + S_{3.5}$ | .8914 | 55.2 |

## II. Messungen längs der Lotlinien an den Kilometerstationen.

Diese Messungen sollten dazu dienen, die Geoisothermlinien in der Lotebene durch die Tunnelachse konstruieren und die geothermischen Tiefenstufen bestimmen zu können.

Hiezu wurden 2 Versuche ausgeführt, Nr 2 und Nr. 6, welche für jede Kilometerstation je 2 vortrefflich übereinstimmende Spannungskurven (Spannung als Funktion der Höhenlage des Meßpunktes) ergaben. Wo kleine Unterschiede auftraten, wurde gemittelt.

Die Messungen wurden beschränkt auf solche Punkte, welche durch die Ausflußdüse des wagrechten Sondenröhrchens des Wassertropfausgleichers ohne Anstand erreicht werden konnten. War in irgendeinem Fall die Düsenmündung für das Kathetometerfernrohr unsichtbar, so wurde beim Einmessen der Düsenmündung dieses kleine Hindernis durch Anhängen eines feinen Aluminiumdrähtchens von bekannter Länge umgangen, dessen unteres Ende mit dem Kathetometer anvisiert wurde. Das sehr geringe Gewicht des Aluminiumdrähtchens rief keine merkliche Durchbiegung des Sondenröhrchens hervor.

Der lotrechte Abstand der Meßpunkte voneinander, von oben nach unten gerechnet, war etwa 45 m, 75 m, 150 m für die obersten 4 Punkte. Die weiteren Punkte lagen etwa 300 m untereinander. Bei dem sehr bald geradlinig gewordenen Verlauf der Spannungskurve genügte diese Wahl der Abstände vollkommen.

Von einer Wiedergabe der Spannungskurven an den einzelnen Kilometerstationen habe ich abgesehen und mich damit begnügt, das daraus abgeleitete Endergebnis, die Geoisothermen, von 10° zu 10° in Tafel II darzustellen. Dabei ist zu bemerken, daß die zeichnerisch ermittelten Schnittpunkte der Geoisothermen mit den Lotlinien an den Kilometerstationen ohne jeden Zwang durch stetige Kurven verbunden sind. Die Betrachtung dieser Kurven läßt offensichtlich schließen, daß die kleineren Unregelmäßigkeiten der Erdoberfläche sich schon in verhältnismäßig kleinen Tiefen unter dieser verwischen, so daß die Kurven zwischen den Tunnelmündungen bald von Wendepunkten ganz frei werden und nur mehr nach unten konkave Krümmung zeigen.

Es ist klar, daß die Form der Äquipotentialflächen des elektrischen Feldes wesentlich abhängt von der Lage der Unteren Platte. Vorangegangene besondere Versuche hatten mir aber sichere Anhaltpunkte dafür gegeben, daß die hier getroffene Wahl dieser Lage bezüglich der Form der Äquipotentialflächen in gegebener Tiefe Verhältnisse liefert, wie sie bei größerer Tiefenlage der **UPl**, ja selbst bei Parallelverschiebung ins Unendliche, keine praktisch in Betracht kommenden Abweichungen ergeben hätte. Es kommt ja für unsere Methode auf den Spannungs- bzw. Temperaturw e r t an, der der betreffenden Fläche bzw. Kurve zuzuschreiben ist.

Aus der Zeichnung der Geoisothermen lassen sich Werte der geothermischen Tiefenstufe ableiten. Z. B. beträgt der lotrechte Abstand der beiden Geoisothermen von $20°$ und $80°$ an der nördlichen Tunnelmündung bei Brig 1400 $^m$, an der Station km **N8** 1950 $^m$ und an der südlichen Mündung bei Iselle 1290 $^m$. Sonach ergibt sich die durchschnittliche geothermische Tiefenstufe zwischen den angegebenen Geoisothermen:

**1.** an der nördlichen Tunnelmündung (Brig) zu $\dfrac{1400}{60} = \mathbf{23.3}$ $^{m/1°}$

**2.** an der Station km **N8** zu $\dfrac{1950}{60} = \mathbf{32.5}$ $^{m/1°}$

**3.** an der südlichen Tunnelmündung (Iselle) zu $\dfrac{1290}{60} = \mathbf{21.5}$ $^{m/1°}$

Der hier in die Augen springende Unterschied im Wert der geothermischen Tiefenstufe an den 3 betrachteten Stellen rührt lediglich her von der Verschiedenheit in der Gestaltung der Erdoberfläche über diesen Stellen. Einflüsse anderer Art, wie Wärmeleitfähigkeit, Schichtung des Gebirgs usw. können einzeln nicht zur Geltung kommen. Dies geht aus den oben beschriebenen Grundlagen der Methode hervor.

Der große Wert der Tiefenstufe bei km **N8** rührt davon her, daß km **N8** unter dem Bergkamm liegt, welcher bei km **N9** die Tunnelachse quert und in den Gipfeln Wasenhorn und Bortelhorn bis zu 3220 $^m$ bzw. 3202 $^m$ sich erhebt.

Die Nordmündung liegt im verhältnismäßig breiteren Rhonetal, die Südmündung in der engen Diveriaschlucht, deren Seitenwände im Norden und Süden sehr steil bis zu beträchtlichen Höhen ansteigen; daher der kleinere Wert von 21.5 $^{m/1°}$ bei Iselle gegenüber dem größeren 23.3 $^{m/1°}$ unter dem Rhonetal bei Brig.

Die wirklichen Tiefenstufen werden von den hier aus der Form der Oberfläche unter Berücksichtigung der Wärmeverhältnisse in der früher angegebenen Weise abgeleiteten, abweichen. Da aber gerade dieser Faktor, die Form der Oberfläche, wohl den weitaus überwiegenden Einfluß ausübt, so kann man schließen, daß das Größenverhältnis der angeführten Werte der geothermischen Tiefenstufe zutrifft.

In der Zahlentafel 3 (Simplon) sind die Werte der geothermischen Tiefenstufe **G** und des Temperaturgradienten $\delta = \dfrac{1}{G}$ zusammengestellt, wie sie sich aus den der Untersuchung zugrunde gelegten Bodentemperaturen und den aus der Spannungskurve abgeleiteten Gesteintemperaturen im Tunnel ergeben.

Die Werte **G** (Spalte 3) und $\delta$ (Spalte 4) gelten für die Höhenlage der Tunnelachse. Zu ihrer Ermittlung wurde der lotrechte Abstand zweier, um $20°$ auseinander liegender Isothermen herangezogen, zwischen welche die betreffende Strecke der Tunnelachse fällt. Die Länge der Strecken beträgt je 1 $^{km}$.

Die Werte **G′** (Spalte 11) und *δ′* (Spalte 12) betreffen die in die Lotrichtung fallende durchschnittliche geothermische Tiefenstufe zwischen der Erdoberfläche und der Tunnelachse. Im Simplongebiet sind die zugehörigen Strecken 2 km lang gewählt.

Zahlentafel 3.

**Geothermische Tiefenstufen und Temperaturgradienten, ermittelt unter Zugrundlegung der abgeleiteten Gesteintemperaturen (also ohne Einfluß der Gebirgwasser) im Simplon-Tunnel.**

| Station km | $h^m$ auf 20° Temperaturzunahme m/20° | $G=\frac{h^m}{20°}$ geotherm. Tiefenstufe m/1°C | $\delta=\frac{1}{G}$ Temperaturzunahme auf 1 m °C/1 m | Mittlere Seehöhe der Erdoberfläche im Längenprofil $H_o$ m | der Tunnelachse $H_{Tn}$ m | $\Delta H = H_o - H_{Tn}$ m | Mittlere Temperatur der Erdoberfläche $\Theta_m'$ °C | des Gesteins im Tunnel $t_a^{(m)}$ °C | $\Delta t = t_a^{(m)} - \Theta_m'$ °C | $G'=\frac{\Delta H}{\Delta t_a^{(m)}}$ m/°C | $\delta'=\frac{1}{G'}=\frac{\Delta t_a^{(m)}}{\Delta H}$ °C/m |
|---|---|---|---|---|---|---|---|---|---|---|---|
| 1 | 2 | 3 | 4 | 5 | 6 | 7 | 8 | 9 | 10 | 11 | 12 |
| N 0 | | | | | | | | | | | |
| 1 | 450 | 22.5 | 0.0445 | 923 | 688 | 235 | 7.63 | 16.1 | 8.5 | 26.6 | 0.0362 |
| 2 | 485 | 24.2 | 413 | | | | | | | | |
| 3 | 550 | 27.5 | 364 | 1549 | 692 | 857 | 4.81 | 29.7 | 24.9 | 34.4 | 291 |
| 4 | 585 | 29.2 | 342 | | | | | | | | |
| 5 | 490 | 24.5 | 408 | 1528 | 696 | 832 | 4.72 | 36.8 | 32.1 | 25.9 | 386 |
| 6 | 540 | 27.0 | 370 | | | | | | | | |
| 7 | 560 | 28.0 | 357 | 2143 | 700 | 1443 | 1.90 | 48.0 | 46.1 | 31.3 | 319 |
| 8 | 600 | 30.0 | 333 | | | | | | | | |
| 9 | 640 | 32.0 | 312 | 2520 | 704 | 1816 | +0.01 | 54.8 | 54.8 | 33.1 | 302 |
| N 10 | 648 | 32.4 | 309 | | | | | | | | |
| S 10 | | | | | | | | | | | |
| 9 | 648 | 32.4 | 309 | 2469 | 697 | 1772 | +0.43 | 55.3 | 54.9 | 32.3 | 310 |
| 8 | 640 | 32.0 | 312 | | | | | | | | |
| 7 | 620 | 31.0 | 323 | 2400 | 683 | 1717 | 0.79 | 52.7 | 51.9 | 33.1 | 302 |
| 6 | 610 | 30.5 | 328 | | | | | | | | |
| 5 | 650 | 32.5 | 308 | 2188 | 669 | 1519 | 1.64 | 48.1 | 46.5 | 32.6 | 307 |
| 4 | 640 | 32.0 | 312 | | | | | | | | |
| 3 | 635 | 31.7 | 315 | 2010 | 655 | 1355 | 2.53 | 41.0 | 38.5 | 35.2 | 284 |
| 2 | 630 | 31.5 | 317 | | | | | | | | |
| 1 | 530 | 26.5 | 377 | 1170 | 641 | 529 | 6.49 | 22.0 | 15.5 | 34.1 | 293 |
| S 0 | 370 | 18.5 | 540 | | | | | | | | |
| N 0 / S 0 Im Mittel der ganzen Tunnelstrecke: (im trocken gedachten Gebirge) | | | | 1887 | 682 | 1205 | 3.07 | 39.83 | 36.76 | 32.78 | 0.0305 |

2*

20

Zahlen-

Spannungen, beobachtete und experimentell ermittelte Gestein-
Die Umränderung kennzeichnet die Strecken, deren wahre Gestein-

| Versuch km | 1 Volt | 2 Volt | 3 Volt | 4 Volt | 5 Volt | 6 Volt | Mittel $\mathfrak{B}_m$ Volt | beobachtet t °C | a) aus $NO\sim4+SO\sim4$ $t_a$ °C | $t-t_a$ °C | b) aus $NO\sim SO$ $t_b$ °C | $t-t_b$ °C | c) aus $N3.5\sim S6.5$ $t_c$ °C | $t-t_c$ °C |
|---|---|---|---|---|---|---|---|---|---|---|---|---|---|---|
| 1 | 2 | 3 | 4 | 5 | 6 | 7 | 8 | 9 | 10 | 11 | 12 | 13 | 14 | 15 |
| N 0 | 6.92 | 6.92 | 6.92 | 6.92 | 6.92 | 6.92 | 6.92 | 8.4 | 9.7 | −1.3 | 9.4 | −1.0 | 9.6 | −1.2 |
| 0.5 | — | — | 8.14 | — | 7.72 | 7.53 | 7.80 | 15.6 | 10.9 | +4.7 | 10.6 | +5.0 | 10.9 | +4.7 |
| 1 | 10.43 | 10.44 | 10.59 | 10.49 | 10.96 | 10.55 | 10.58 | 19.2 | 14.8 | 4.4 | 14.4 | 4.8 | 14.7 | 4.5 |
| 1.5 | 10.85 | — | 10.87 | — | 11.09 | 11.95 | 11.19 | 18.0 | 15.7 | 2.3 | 15.2 | 2.8 | 15.6 | 2.4 |
| 2 | 11.85 | 11.75 | 11.64 | 11.49 | 11.98 | 12.90 | 11.93 | 19.6 | 16.7 | 2.9 | 16.2 | 3.4 | 16.6 | 3.0 |
| 2.5 | 11.19 | — | 11.14 | — | 11.63 | 11.74 | 11.42 | 22.2 | 16.0 | 6.2 | 15.5 | 6.7 | 15.9 | 6.3 |
| 3 | 11.07 | 11.09 | 11.00 | 11.34 | 11.51 | 11.77 | 11.30 | 20.2 | 15.8 | 4.4 | 15.4 | 4.8 | 15.7 | 4.5 |
| 3.5 | 11.58 | — | 11.73 | — | 12.01 | 12.59 | 11.98 | 17.6 | 16.8 | 0.8 | 16.3 | 1.3 | 16.7 | 0.9 |
| 4 | 13.69 | 13.82 | 13.67 | 14.17 | 13.95 | 14.72 | 14.00 | 20.6 | 19.6 | 1.0 | 19.1 | 1.5 | 19.5 | 1.1 |
| 4.5 | 15.83 | — | 15.77 | — | 16.13 | 16.47 | 16.05 | 22.7 | 22.5 | 0.2 | 21.8 | 0.9 | 22.4 | 0.3 |
| 5 | 17.10 | 17.40 | 17.32 | 17.90 | 17.70 | 18.24 | 17.61 | 25.2 | 24.6 | 0.6 | 24.0 | 1.2 | 24.5 | 0.7 |
| 5.5 | 18.42 | — | 18.62 | — | 19.14 | 19.17 | 18.41 | 27.1 | 26.3 | 0.8 | 25.6 | 1.5 | 26.2 | 0.9 |
| 6 | 19.79 | 20.10 | 19.84 | 20.41 | 20.39 | 20.71 | 20.21 | 28.3 | 28.3 | 0.0 | 27.5 | 0.8 | 28.2 | +0.1 |
| 6.5 | 20.92 | — | 20.98 | — | 21.28 | 21.70 | 21.22 | 29.6 | 29.7 | −0.1 | 28.9 | +0.7 | 29.6 | 0.0 |
| N 7 | 21.74 | 21.76 | 21.52 | 22.62 | 22.07 | 22.41 | 22.02 | 29.8 | 30.8 | −1.0 | 30.0 | −0.2 | 30.7 | −0.9 |
| S 7.5 | 22.16 | — | 22.13 | — | 22.51 | 21.73 | 22.13 | 30.4 | 30.9 | −0.5 | 30.1 | +0.3 | 30.8 | −0.4 |

Am Fuß der Tafel sind die Werte von **G′** und $\delta'$ angegeben, wie sie sich im Durchschnitt für das ganze Tunnelgebiet ergeben.

In Zahlentafel 3 (Simplon) sind die Werte $t_a$ der Gesteintemperatur zugrunde gelegt (s. Zahlentafel 1), wie sie aus der Spannungskurve unter Heranziehung der wahren Gesteintemperatur auf den Strecken NO bis N4 und SO bis S1.5 abgeleitet worden waren, d. h. auf trockenem, gänzlich quellenfreiem Gebiet. Die Werte **G**, $\delta$, **G′** und $\delta'$ gelten demnach für trocken gedachtes Gebirge im ganzen Bereich des Tunnels.

## B. Gotthard.

### I. Messungen längs der Tunnelachse.

In gleicher Weise wie im Fall des Simplon sind die Ergebnisse der Untersuchung in Zahlentafel 4 ziffermäßig und in Tafel III zeichnerisch dargestellt.

Die Bedeutung der Spalten 1—9 ist dieselbe wie in Zahlentafel 1.

Auch hier wurden 6 Versuche durchgeführt, deren Spannungsmessungen bei zweien (Nr. 2 und Nr. 4) zur Ermittlung der Geoisothermen auf das ganze in Betracht kommende Feld sich erstreckten.

Die Geoisothermen über 80°C sind unberücksichtigt geblieben.

In Spalte 9 sind die an den Halbkilometerstationen aus der Kurve der beobachteten Gesteintemperaturen (Tafel III) entnommenen Werte zusammengetragen. Aus dem

tafel 4.
**temperaturen an den Halbkilometerstationen im Gotthard-Tunnel.**
temperaturen zur Ableitung von $t_a$, $t_b$ und $t_c$ benützt worden sind.

| Versuch | Spannungen | | | | | | | Gesteintemperaturen | | | | | | |
| | 1 | 2 | 3 | 4 | 5 | 6 | Mittel | beobachtet | experimentell bestimmt | | | | | |
| | | | | | | | | | a) aus $NO\sim4+SO\sim4$ | | b) aus $NO\sim SO$ | | c) aus $N3.5\sim S6.5$ | |
| | $\mathfrak{B}$ | $\mathfrak{B}$ | $\mathfrak{B}$ | $\mathfrak{B}$ | $\mathfrak{B}$ | $\mathfrak{B}$ | $\mathfrak{B}_m$ | $t$ | $t_a$ | $t-t_a$ | $t_b$ | $t-t_b$ | $t_c$ | $t-t_c$ |
| km | Volt | Volt | Volt | Volt | Volt | Volt | Volt | °C | °C | °C | °C | °C | °C | °C |
| 1 | 2 | 3 | 4 | 5 | 6 | 7 | 8 | 9 | 10 | 11 | 12 | 13 | 14 | 15 |
| N 7.5 | 22.15 | — | 22.16 | — | 22.55 | 22.85 | 22.43 | 30.0 | 31.4 | —1.4 | 30.5 | —0.5 | 31.3 | —1.3 |
| S 7 | 22.40 | 22.51 | 22.33 | 22.88 | 22.84 | 22.89 | 22.64 | 30.7 | 31.7 | —1.0 | 30.8 | —0.1 | 31.6 | —0.9 |
| 6.63 | — | — | — | — | — | — | — | 30.9 | 31.9 | —1.0 | 31.0 | —0.1 | 31.7 | —0.8 |
| 6.5 | 22.66 | — | 22.66 | — | 23.06 | 22.76 | 22.78 | 30.6 | 31.9 | —1.3 | 31.0 | —0.4 | 31.7 | —1.1 |
| 6 | 22.93 | 22.97 | 23.01 | 23.73 | 23.38 | 23.23 | 23.21 | 28.7 | 32.5 | —3.8 | 31.6 | —2.9 | 32.4 | —3.1 |
| 5.5 | 23.19 | — | 23.21 | — | 23.76 | 23.17 | 23.33 | 29.6 | 32.6 | —3.0 | 31.7 | —2.1 | 32.5 | —2.9 |
| 5 | 23.04 | 23.13 | 23.18 | 23.67 | 23.61 | 23.06 | 23.28 | 28.5 | 32.5 | —4.0 | 31.7 | —3.2 | 32.4 | —3.9 |
| 4.5 | 23.00 | — | 22.67 | — | 23.13 | 22.64 | 22.86 | 28.3 | 32.0 | —3.7 | 31.1 | —2.8 | 31.9 | —3.6 |
| 4 | 22.21 | 22.31 | 22.16 | 22.94 | 22.37 | 22.58 | 22.43 | 26.4 | 31.4 | —5.0 | 30.5 | —4.1 | 31.3 | —4.9 |
| 3.5 | 21.59 | — | 21.35 | — | 21.87 | 21.70 | 21.63 | 25.9 | 30.2 | —4.3 | 29.4 | —3.5 | 30.1 | —4.2 |
| 3 | 20.83 | 20.85 | 20.68 | 21.43 | 21.10 | 20.77 | 20.94 | 25.3 | 29.3 | —4.0 | 28.5 | —3.2 | 29.2 | —3.9 |
| 2.5 | 19.73 | — | 19.73 | — | 20.12 | 19.48 | 19.76 | 23.8 | 27.6 | —3.8 | 26.9 | —3.1 | 27.5 | —3.7 |
| 2 | 18.32 | 18.42 | 18.20 | 18.84 | 18.69 | 18.28 | 18.46 | 20.6 | 25.8 | —5.2 | 25.1 | —4.5 | 25.7 | —5.1 |
| 1.5 | 16.60 | — | 16.12 | — | 16.63 | 15.97 | 16.33 | 18.6 | 22.8 | —4.2 | 22.2 | —3.6 | 22.8 | —4.2 |
| 1 | 13.46 | 13.19 | 12.96 | 13.52 | 13.80 | 12.96 | 13.31 | 15.9 | 18.6 | —2.7 | 18.1 | —2.2 | 18.6 | —2.7 |
| 0.5 | 9.06 | — | 8.39 | — | 9.09 | 8.43 | 8.74 | 11.2 | 12.2 | —1.0 | 11.9 | —0.7 | 12.2 | —1.0 |
| SO | 6.92 | 6.92 | 6.92 | 6.92 | 6.92 | 6.92 | 6.92 | 8.2 | 9.7 | —1.5 | 9.4 | —1.2 | 9.6 | —1.4 |

bewegten Verlauf dieser Kurve, in welcher sämtliche bekanntgewordene Beobachtungen[1]) berücksichtigt sind, ist zu schließen, daß die Beobachtungen mit gewissen Unsicherheiten behaftet sind, Unsicherheiten, die jedem als unvermeidlich erscheinen, der es versucht hat, solche schwer greifbare Temperaturen zu messen. Der fieberhafte, nie ruhende Betrieb im Vorort eines Richtstollens schließt die Anwendung von Maßregeln aus, wie sie zur unmittelbaren, zuverlässigen Feststellung der Temperatur des Gesteins im ursprünglichen, nicht abgekühlten Zustand getroffen werden müßten. Unter **A. I** (S. 13) wurde geschildert, auf welchem Weg auf der Südseite des Simplon versucht wurde, trotz dieser Schwierigkeiten zu möglichst wahrscheinlichen Werten der „wahren" Gesteintemperatur durch Extrapolation zu gelangen.

Es gäbe allerdings noch ein Mittel, um jeder Zeit, auch nachdem der Tunnel längst fertiggestellt und in Betrieb ist, die ursprüngliche Gesteintemperatur an jeder beliebigen Stelle zu messen, indem man in eine Seitenwand des Tunnels sanft ansteigende Löcher so tief bohrt, bis die in verschiedenen Tiefen gemessene Temperatur einen Höchstwert ergibt, welcher als „ursprüngliche" Temperatur des Gesteins anzusehen ist. Für das Bohrloch müßte natürlich eine trockene Stelle gewählt werden.

---

[1]) „Geolog. Tabellen usw.", Spezial-Beilage zu den Berichten der Schweizer Bundesregierung. — Stapff, „Studien über die Wärmeverteilung im Gotthard", S. 30 ff., Bern 1877. — Rapports du Conseil Fédéral Suisse, Bd. X, S. 62.

Aus der Spannungskurve (blau gestrichelt in Tafel III) sind 3 Reihen von Felstemperaturen unter Verwendung der auf verschiedenen Strecken beobachteten Gesteintemperaturen abgeleitet:

a) $t_a$ (Zahlentafel 4, Spalte 10); verwendete Strecken N0—4 und S0—4,

b) $t_b$ (Zahlentafel 4, Spalte 12); verwendete Strecken N0 bis S0,

c) $t_c$ (Zahlentafel 4, Spalte 14); verwendete Strecken N3.5 bis S6.5.

In Tafel III wurde nur der Fall b) dargestellt (blau ausgezogene Kurve). Die von der Kurve, der Abszissenachse und den Endordinaten eingeschlossene Fläche ist von gleicher Größe wie die entsprechende, von der (roten) Kurve des t (beobachtete Felstemperatur) begrenzte. Die $t_b$-Kurve zeigt den Verlauf der abgeleiteten Gesteintemperatur im homogen vorausgesetzten Gebirge von überall gleicher Wärmeleitfähigkeit, wie sie im Durchschnitt für die ganze Tunnelstrecke unter den gegebenen Verhältnissen besteht.

Es möge zunächst der Verlauf der unter Verwendung der Strecke N3.5 bis S6.5 abgeleiteten Temperaturen $t_c$ verfolgt werden (Zahlentafel 4, Spalte 14). Die Strecke wurde gewählt, weil auf ihr nur trockenes Gebirge aufgeschlossen worden war und somit auf den übrigen Strecken diejenigen Felstemperaturen ermittelt werden konnten, die sich in homogenem wasserfreiem Gebirge eingestellt hätten. Es zeigt sich hierbei folgendes:

1. Es fällt hier vor allem auf, daß vom Nordportal (N0) an bis km N3.5 sämtliche beobachteten Temperaturen beträchtlich höher liegen als die abgeleiteten $t_c$. Die Abweichung (Zahlentafel 4, Spalte 15) steigt bis zu 6.3° bei km N2.5. Schon Stapff hat auf diesen merkwürdigen Befund aufmerksam gemacht und als einen der Gründe dafür die Wärmeentwicklung durch chemische Prozesse im Fels erklärt[1]). Von N2.5 an fällt t rasch herab auf 17.6° bei km N3.5, wo sie nur mehr 0.9° höher ist als die an derselben Stelle ermittelte $t_c$ = 16.7°. Dieser Abfall ist wohl teils dem Einfluß der Gebirgwasser bei km N2.7, teils dem Eintritt in beständigeres, der Zersetzung nicht mehr unterworfenes Gebirg zuzuschreiben.

2. Auf der ganzen Strecke von km N3.5 bis km N6.5 decken sich die beiden Kurven der t und $t_c$ nahezu, wie Spalte 15 erkennen läßt. Die größten Unterschiede betragen nur + 1.1° und — 1.3°, ein Beweis, daß die Spannungskurve unter den gemachten Voraussetzungen ein richtiges Bild des Verlaufs der Felstemperatur längs der Tunnelachse gibt.

Von km S6.5 an sinkt die t-Kurve rasch unter die $t_c$-Kurve, offensichtlich infolge der wärmeentziehenden Wirkung der Gebirgwasser, welche auf der ganzen Strecke bis zur südlichen Tunnelmündung (Airolo) im Tunnel Quellen mit einem Gesamtertrag von mehr als 200 l/s lieferten (s. Tafel III).

Die Höchsttemperatur hätte sich nach der Spannungskurve bei km S5.5 einstellen sollen im Betrag von 32.5°. An dieser Stelle wurde eine „wahre" Felstemperatur von 29.6° gemessen. Als „wahre" Höchsttemperatur wurde hingegen 30.9° bei km S6.63 festgestellt.

Die Unterschiede t—$t_c$ sind aus Zahlentafel 4, Spalte 15 zu ersehen. Deren Höchstwert beträgt — 5.1° bei km S2.

3. In Zahlentafel 4, Spalte 10, sind die zu erwartenden Felstemperaturen $t_a$ verzeichnet, wie sie aus der Spannungskurve auf Grund der längs der Strecke N0 bis N4 und S0 bis S4 abgeleitet worden sind. Sie stimmen bis auf 0.1°, mit den $t_c$ überein. Diese Übereinstimmung ist eine zufällige und rührt daher, daß der außergewöhnliche, wohl hauptsächlich chemischen Zersetzungsprozessen zuzuschreibende Temperatur-

———

[1]) S t a p f f, „Studien über die Wärmeverteilung im Gotthard", I. Teil, S. 41, Bern 1877.

überschuß auf der Nordstrecke km N0 bis N4 fast ausgeglichen wird durch die Abkühlung des Felsens unter das bei trockener Beschaffenheit zu erwartende Maß auf der Strecke S0 bis S4.

Um zu zeigen, wie allmählich mit dem Fortschreiten des Richtstollens und mit der Heranziehung immer größer werdender Teile der wahren Felstemperaturkurve die Prognose der Temperaturen sich berichtigt, ist in Zahlentafel 5 für eine Reihe gleichzeitig auf der Nord- und Südseite aufgeschlossener Strecken das Umzeichnungsverhältnis $\frac{F_T}{F_{\mathfrak{W}_m}}$ und damit die zu erwartende Höchsttemperatur $T_{max}$ angegeben. Aus der Zusammenstellung ist zu ersehen, daß diese Temperatur von dem aus den beiden ersten Kilometern gewonnenen Wert von 35.4⁰ stetig abnimmt bis auf 31.7⁰, während der tatsächlich während des Tunnelbaues beobachtete Höchstwert zu 30,9⁰ angegeben wird.

Zahlentafel 5.

Aus der Spannungskurve abgeleitete Höchsttemperaturen $T_{max}$ des Gesteins und zugehörige Umzeichnungsverhältnisse $\frac{F_T}{F_{\mathfrak{W}_m}}$, ermittelt aus den auf verschiedenen Strecken beobachteten Gesteintemperaturen im Gotthard-Tunnel.

| Benützte Strecke | $\frac{F_T}{F_{\mathfrak{W}_m}}$ | $T_{max}$ ⁰C |
|---|---|---|
| N 0 $\sim$ 1 + S 0 $\sim$ 1 | 0.9480 | 35.4 |
| N 0 $\sim$ 2 + S 0 $\sim$ 2 | .8956 | 33.4 |
| N 0 $\sim$ 3 + S 0 $\sim$ 3 | .8911 | 33.3 |
| N 0 $\sim$ 3.5 + S 0 $\sim$ 6.5 | .8708 | 32.5 |
| N 0 $\sim$ 4 + S 0 $\sim$ 4 | .8740 | 32.6 |
| N 0 $\sim$ 5 + S 0 $\sim$ 5 | .8589 | 32.1 |
| N 0 $\sim$ 6 + S 0 $\sim$ 6 | .8521 | 31.8 |
| N 0 $\sim$ 7 + S 0 $\sim$ 7 | .8495 | 31.7 |
| N 0 $\sim$ S 0 | .8503 | 31.7 |

II. Messungen längs der Lotlinie an den Kilometerstationen.

Die Messungen und deren Verwertung geschahen in gleicher Weise wie unter A. II. dargelegt. Auch hier wurden 2 Reihen Versuche (Nr. 2 und Nr. 4) ausgeführt. Es gelten dieselben Erläuterungen wie beim Simplon.

Zwischen den Geoisothermen von 20⁰ und 80⁰ ergeben sich aus den Versuchen folgende geoisothermischen Tiefenstufen

| Ort | Lotrechter Abstand der Geoisothermen von 20⁰ und 80⁰ | Geothermische Tiefenstufe |
|---|---|---|
| 1. Nördliche Mündung (Gösch.) . . | 1980 m | $\frac{1980}{60}$ = 33.0 m/1⁰C |
| 2. Tunnelmitte km N 7.46 . . . . | 2650 ,, | $\frac{2650}{60}$ = 44.2 ,, |
| 3. Südliche Mündung (Airolo) . . . | 2000 ,, | $\frac{2000}{60}$ = 33.3 ,, |

Hier fällt der gegenüber dem Simplon (A. II, S. 18) viel höhere Wert der geothermischen Tiefenstufe auf. Der Unterschied klärt sich sofort auf bei Betrachtung der geologischen Profile des Simplon und des Gotthard: beim Simplon nur im nördlichen Drittel steiles Einfallen der Schichten, im zweiten Drittel rasche Abnahme des Einfallens, das schließlich in den letzten 4.5 $^{km}$ bis zur südlichen Tunnelmündung (Iselle) fast zu Null herabsinkt. Die Schichten lagen in diesem letzteren Bereich nahezu wagrecht.

Im Gotthard war im ganzen Bereich des Tunnels das Einfallen der Schichten sehr steil, im mittleren Teil lotrecht.

Daraus ergibt sich unzweideutig für den Simplon eine durchschnittlich wesentlich geringere Wärmeleitfähigkeit des Gebirges in lotrechter Richtung als beim Gotthard.

Da nun bei der Verwertung der lediglich aus der Oberflächengestaltung abgeleiteten Spannungskurve zur Konstruktion der Gesteintemperaturkurve durch die Berücksichtigung von wahren, beobachteten Gesteintemperaturen die Wärmeleitfähigkeit und die übrigen Faktoren der Gesteintemperatur von selbst zur Geltung kommen, so kommt dies selbstverständlich auch bei der Ermittlung der Geoisothermen zur Geltung.

Das Verhältnis der geothermischen Tiefenstufen am Gotthard zu denen am Simplon ergibt sich mit den oben angegebenen Werten zwischen den Geoisothermen von 20° und 80° im Durchschnitt:

$$\text{an den Tunnelmündungen zu} \quad \frac{33.0 + 33.3}{2} : \frac{23.3 + 21.5}{2} = \mathbf{1.48,}$$

$$\text{in der Tunnelmitte} \quad \text{zu} \quad 44.2 \quad : \quad 32.5 \quad = \mathbf{1.36.}$$

Ähnlich wie die Zahlentafel 3 für den Simplon enthält Zahlentafel 6 die geothermischen Tiefenstufen und Temperaturgradienten für jede einzelne Kilometerstrecke des Gotthard sowohl in der Höhe der Tunnelachse als auch für den Bereich zwischen Erdoberfläche und Tunnel, und zwar in der Lotebene durch die Tunnelachse.

Im Fall des Gotthard wurden die Gesteintemperaturen $t_b$ (s. Zahlentafel 4, Spalte 12) der Ermittlung von $G$, $\delta$, $G'$ und $\delta'$ zugrunde gelegt, wie sie unter Verwertung sämtlicher im Tunnel beobachteter Gesteintemperaturen aus der Spannungskurve abgeleitet worden waren und wie sie in Tafel III dargestellt sind. Es sind hier alle abnormalen Einflüsse (wie der Wärmeherd unter der Andermatter Ebene und die zahlreichen Wasserergüsse auf den übrigen Strecken) berücksichtigt, aber im Durchschnitt, also gleichmäßig verteilt auf die ganze Tunnelstrecke.

Tafel III läßt aus den Abweichungen der Kurve der abgeleiteten $t_b$ (blau) und der beobachteten $t$ (rot) deutlich die Strecken erkennen, auf welchen abnormale Wärmezustände herrschen. Um diese Anomalien auch in der Zahlentafel 6 auszudrücken, sind in den Spalten 13 und 14 die Werte $G_0$ und $\delta_0$ hinzugefügt worden, die sich auf jeder Kilometerstrecke aus den wirklich beobachteten Felstemperaturen herleiten lassen. Man erkennt, wie unter der Andermatter Ebene (km N0 bis N4) $G_0$ wesentlich kleiner ist als $G'$ und umgekehrt in den quellenreichen Strecken $G_0 > G'$ sich ergibt.

Der durchschnittliche Wert von $G$ für den ganzen Bereich der Lotebene durch die Tunnelachse zwischen Erdoberfläche und Tunnelhöhe und von N0 bis S0 ergibt sich (s. Zahlentafel 6, am Fuß) zu 46.14 $^{m/1°}$. Der Vergleich mit der entsprechenden geothermischen Tiefenstufe am Simplon liefert:

$$\frac{\text{Geothermische Tiefenstufe des Gotthard}}{\text{Geothermische Tiefenstufe des Simplon}} = \frac{46.14}{32.78} = \mathbf{1.41.}$$

Es möge noch bemerkt werden, daß natürlich angesichts der bei weitem ungenügenden Zahl von Beobachtungen der Bodentemperatur und demzufolge der sehr unsicheren Werte von $\Theta'_m$ (mittlere Temperatur des Bodens) die Tafelwerte von $G'$ ebenfalls mit Fehlern behaftet sein müssen, die um so größer ausfallen, je kleiner die Überlagerung des Tunnels ist.

Zahlreiche und zuverlässige, über ein großes Gebiet über dem Tunnel ausgedehnte Ermittlungen der Bodentemperatur sind unerläßlich für eine einigermaßen sichere Vorausbestimmung der im Tunnel zu erwartenden Gesteintemperaturen.

Angesichts der Wichtigkeit einer solchen Vorausbestimmung, die nicht bloß wissenschaftliches sondern vor allem praktisches Interesse hat, sollte an den Kosten der Beschaffung der Grundlagen für dieselbe nicht gespart werden, wo es sich um einen Bau handelt, der viele Millionen verschlingt.

Zahlentafel 6.

**Geothermische Tiefenstufen und Temperaturgradienten, ermittelt unter Zugrundlegung der abgeleiteten Gesteintemperaturen, aber mit Berücksichtigung aller Einflüsse, diese jedoch verteilt auf das ganze Tunnelgebiet im Gotthard-Tunnel.**

| Station | In der Höhe des Tunnels auf Strecken von je 1 km Länge | | | Im Bereich zwischen Erdoberfläche und Tunnelhöhe auf Strecken von je 1 km Länge | | | | | | | | | |
|---|---|---|---|---|---|---|---|---|---|---|---|---|---|
| | $h^m$ auf 20° Temperaturzunahme | $G=\frac{h}{20}$ = geothermische Tiefenstufe | $\delta=\frac{1}{G}$ = Temperaturzunahme auf 1 m | Mittlere Seehöhe der Erdoberfläche im Längenprofil $H_0$ | der Tunnelachse $H_{Tu}$ | $\Delta H = H_0 - H_{Tu}$ | Mittlere Temperatur der Erdoberfläche $\Theta_m'$ | des Gesteins im Tunnel (abgeleitet) $t_b^{(m)}$ | $\Delta t = t_b^{(m)} - \Theta_m'$ | Mit abgeleiteten Gesteintemperaturen $G'=\frac{\Delta H}{\Delta t}$ | $\delta'=\frac{1}{G'}=\frac{\Delta t}{\Delta H}$ | Mit beobachteten Gesteintemperaturen $G_0$ | $\delta_0$ |
| km | m/20° | m/1 °C | °C/1 m | m | m | m | °C | °C | °C | m/1 °C | °C/1 m | m/1 °C | °C/1 m |
| 1 | 2 | 3 | 4 | 5 | 6 | 7 | 8 | 9 | 10 | 11 | 12 | 13 | 14 |
| N 0 | 625 | 31.3 | 0.0319 | 1386 | 1112 | 274 | 7.03 | 11.6 | 4.6 | 59.5 | 0.0168 | 34.2 | 0.0292 |
| 1 | 700 | 35.0 | 286 | 1444 | 1118 | 326 | 6.59 | 15.2 | 8.6 | 37.9 | 264 | 27.4 | 365 |
| 2 | 700 | 35.0 | 286 | 1440 | 1124 | 316 | 6.72 | 15.6 | 8.9 | 35.5 | 282 | 21.5 | 465 |
| 3 | 667 | 33.3 | 300 | 1480 | 1129 | 351 | 6.40 | 16.9 | 10.5 | 33.4 | 299 | 29.0 | 345 |
| 4 | 767 | 38.3 | 261 | 1955 | 1135 | 820 | 4.23 | 21.7 | 17.5 | 46.8 | 213 | 44.1 | 227 |
| 5 | 810 | 40.5 | 247 | 2130 | 1141 | 989 | 3.25 | 25.6 | 22.3 | 44.3 | 226 | 41.7 | 240 |
| 6 | 900 | 45.0 | 222 | 2459 | 1147 | 1312 | 1.76 | 28.9 | 27.1 | 48.4 | 207 | 47.5 | 210 |
| N 7 | 935 | 46.7 | 214 | 2807 | 1153 | 1654 | 0.00 | 30.3 | 30.3 | 54.6 | 183 | 54.4 | 184 |
| S 7 | 900 | 45.0 | 222 | 2533 | 1154 | 1379 | 1.24 | 31.1 | 29.9 | 46.1 | 217 | 47.4 | 211 |
| 6 | 900 | 45.0 | 222 | 2517 | 1154 | 1363 | 1.25 | 31.7 | 30.5 | 44.7 | 224 | 48.5 | 206 |
| 5 | 880 | 44.0 | 227 | 2449 | 1153 | 1296 | 1.65 | 31.1 | 29.5 | 44.0 | 227 | 49.1 | 204 |
| 4 | 880 | 44.0 | 227 | 2281 | 1151 | 1130 | 2.54 | 29.4 | 26.9 | 42.0 | 238 | 48.3 | 207 |
| 3 | 860 | 43.0 | 233 | 2399 | 1149 | 1250 | 2.02 | 26.9 | 24.9 | 50.2 | 199 | 58.1 | 172 |
| 2 | 790 | 39.5 | 253 | 2096 | 1147 | 949 | 3.59 | 22.0 | 18.4 | 51.6 | 194 | 63.7 | 157 |
| 1 | 600 | 30.0 | 333 | 1361 | 1145 | 216 | 6.95 | 12.5 | 5.5 | 39.3 | 255 | 48.0 | 208 |
| S 0 | | | | | | | | | | | | | |
| N 0 / S 0 Im Mittel der ganzen Tunnelstrecke (mit Einschluß aller Einflüsse) | | | | 2044 | 1141 | 903 beobachtet | 3.71 / 23.32 | 23.28 | 19.57 / 19.61 | 46.14 | 0.02167 | 46.05 | 0.02172 |

## 6. Zusammenfassung.

Zur Lösung der Aufgabe, die im Innern eines Gebirgsmassivs, z. B. längs einer Tunnelachse, zu erwartenden Gesteintemperaturen im voraus zu ermitteln, wird der Weg des Modellversuchs eingeschlagen. Anstatt ihn aber im Gebiet der Wärme zu verfolgen, geschieht dies im Gebiet eines elektrostatischen Feldes, das die konforme Abbildung des im Gebirgmassiv bestehenden thermischen Feldes des stationären Wärmestroms darstellt. Die Bestimmung der an irgendeinem Punkt des Massivs herrschenden Temperatur wird dadurch zurückgeführt auf die Abtastung eines elektrostatischen Feldes nach dem von Hermann Ebert begründeten Verfahren zur Untersuchung des elektrostatischen Erdfeldes.

An zwei Beispielen (Gebiete des Simplon- und des Gotthardtunnels) wird der Gang des Versuchs dargelegt. Man gelangt durch diesen zur Aufzeichnung einer Spannungskurve, aus welcher unter Heranziehung einiger, etwa durch Bohrlöcher, Schächte oder im vordringenden Richtstollen bereits gewonnener oder auf Grund der Erfahrung in anderen ähnlichen Gebirgmassiven angenommener Werte der Felstemperatur eine Kurve der voraussichtlichen Gesteintemperaturen für den ganzen fraglichen Bereich sich ableiten läßt. In dieser abgeleiteten Kurve kommen alle, in den herangezogenen Werten liegenden Einflüsse zur Geltung. Sie verteilen sich gleichmäßig auf das ganze Untersuchungsgebiet, während die Spannungskurve selbst lediglich durch die beiden wichtigsten, mit aller wünschenswerten Genauigkeit erfaßbaren Faktoren: durch die Gestalt der Erdoberfläche und durch die der Erdoberfläche anhaftenden, in Form elektrischer Aufladung abgebildeten mittleren jährlichen Bodentemperaturen bedingt ist.

Die elektrische Methode ist auch, wie dies in den beiden untersuchten Fällen gezeigt wird, nützlich zur Beurteilung der Größe etwaiger abnormaler Einflüsse (wie Gebirgwasser, örtliche Wärmeherde).

Die Durchführung der Methode erheischt für die Vorbereitung der Versuche nur handwerksmäßige, wenn auch sorgfältige genaue Arbeit. Die vorzunehmenden physikalischen Messungen und ihre Verwertung sind elementarer Natur und erfordern wenig Zeit. Insbesondere die entscheidende Schlußmessung der Spannungen längs einer Tunnelachse läßt sich in wenigen Stunden durchführen.

# II. Teil.

Im I. Teil ist die Methode theoretisch begründet und ihre Durchführung in 2 bestimmten Fällen mit bekannten Verhältnissen beschrieben worden. Es wurden die Ergebnisse zusammengestellt und kritisch beleuchtet.

Im folgenden soll von der Durchführung der Methode und von den dabei angewandten Mitteln eine Reihe von Einzelheiten eingehender behandelt werden, die zur Beurteilung des hier eingeschlagenen Weges von Interesse sind, aber besser herausgelöst, für sich betrachtet werden.

## 1. Das Hohlmodell und dessen Herstellung.

**A.** Simplon. Das im Hohlmodell im Maßstab 1:15000 dargestellte Gebiet hat eine rechteckige Grundfläche von 11.336 $^{km}$ Breite und 30.330 $^{km}$ Länge, also von 343.82 $\overline{km}^2$. Die Tunnelachse liegt genau in der Längsmittellinie des Rechtecks (Abb. 1, worin die eingeklammerten Maße auf das Modell sich beziehen). Die nördliche Tunnelmündung steht 5.1 $^{km}$, die südliche 5.5 $^{km}$ vom benachbarten Rand des Rechtecks ab. Bei diesen großen Entfernungen der Modellränder vom Tunnel kann man nach den Versuchen von Karl Hoffmann (s. S. 9) annehmen,

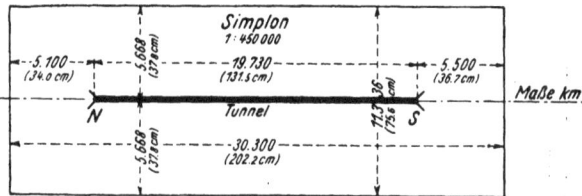

Abb. 1.

daß der Bereich der Lotebene durch die Tunnelachse zwischen den Loten durch die Tunnelmündungen frei sei von Randstörungen.

Durch das Entgegenkommen des Generals von Lammerer konnte die erforderliche Vergrößerung der Schweizerischen Siegfriedkarte des Simplon-Gebietes von 1:50000 auf den Modellmaßstab 1:15000 in dem ihm unterstehenden Königl. Bayerischen Topographischen Bureau durch Herrn Photographen Neumann in außerordentlich genauer Weise geschehen. Beiden Herren spreche ich hiefür meinen Dank aus. Die Aufnahme erfolgte in drei gleich großen Platten. Die damit hergestellten Druckplatten waren aus Aluminium.

Mittels dieser Aluminiumdruckplatten wurde die vergrößerte Karte auf die erforderliche Anzahl von Pappendeckeln gedruckt, durch deren Übereinanderlagerung zunächst ein Vollmodell entstehen sollte.

Die Schichtendicke wurde zu 60 $^m$ gewählt, gleich dem doppelten Höhenunterschied der Isohypsen der Siegfriedkarte 1:50000, so daß die Pappendeckel theoretisch eine Dicke von $\frac{60000}{15000} = 4$ $^{mm}$ zu erhalten hatten. Mit Rücksicht auf die unvermeidliche Ungenauigkeit der Dicke wurden jedoch die Pappendeckel, die durch Walzen möglichst gleichförmig dick und glatt zu pressen waren, in Wirklichkeit etwas dünner bestellt. Es war so ermöglicht, durch Zwischenlagen von Papier den Ausgleich zur Erzielung genauer Höhenlage zu bewirken.

Mittels einer feinen Dekupiersäge wurden die einzelnen Pappendeckel, von denen jeder mit der vergrößerten Karte bedruckt war, nach jeder zweiten Schichtenlinie ausgeschnitten, indem der Höhenabstand der Isohypsen der Siegfriedkarte 30 m beträgt.

Die einzelnen Schichten wurden unter sorgfältiger Kontrolle ihrer Lage über einer, gegen Werfen gut gesicherten wagrechten Holzplatte aufeinander genagelt, nicht geleimt, um jegliches Aufquellen und jede damit verbundene Änderung des Volumens zu vermeiden.

Das so aufgebaute Treppenmodell wurde dann noch durch Ausfüllen der Treppen mit Plastilin unter genauester Berücksichtigung der Karte und von Lichtbildern der Landschaft vervollkommnet.

Die Ausführung dieses Vollmodells geschah in denkbar sorgfältigster und genauester Weise durch Herrn Oberlehrer Georg Clos in München[1]).

Zu vorstehendem Vollmodell wurde, umschlossen von einem versteiften Rahmen aus Flacheisen (Abb. 2), versehen mit 6 Aufhängungen, die Hohlform in eisen-

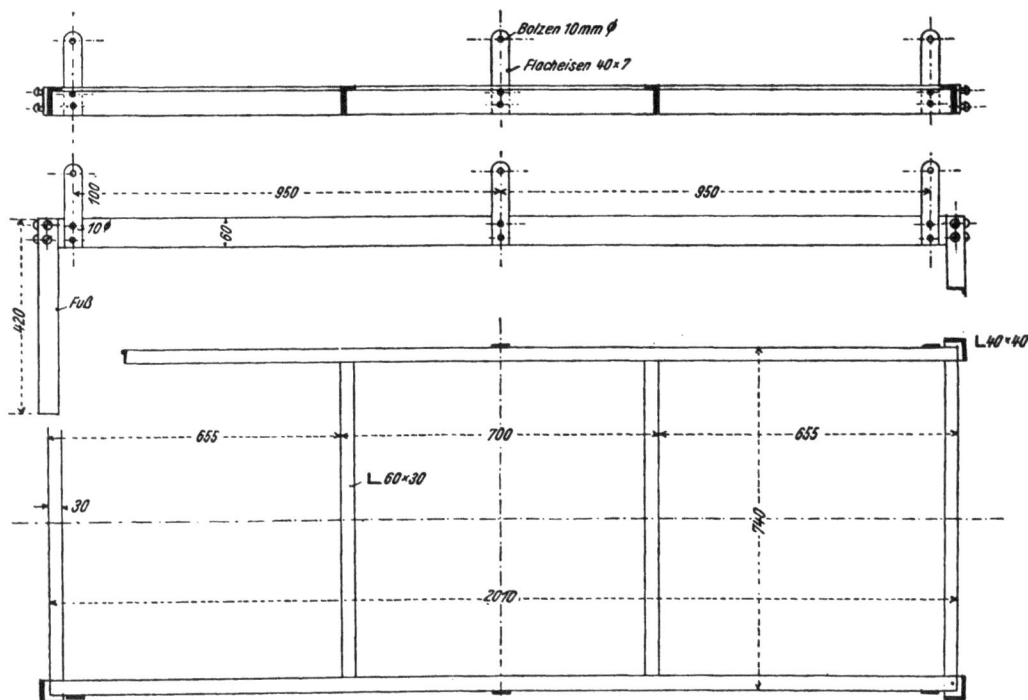

Abb. 2.

bewehrtem Gips hergestellt. An den 4 Ecken des eisernen Rahmens waren zur sicheren und bequemen Handhabung des ziemlich gewichtigen Hohlmodells Füße aus L-Eisen angeschraubt, welche erst später, nach erfolgter endgültiger Aufhängung des Modells an der Trägerdecke des Versuchsraumes (Tafel I) entfernt wurden.

---

[1]) Zur Zeit der Anfertigung der beiden Modelle des Simplon- und Gotthardgebietes bestand noch nicht das Verfahren der „Vereinigten Deutschen Hochbildgesellschaft m. b. H. und Kartographischen Reliefgesellschaft m. b. H., München." Nach diesem Verfahren werden Modelle ausgeführt, welche die dargestellte Gegend mit der gleichen Genauigkeit wiedergeben, wie sie von der zugrunde gelegten topographischen Karte erreicht werden kann. Es ist selbstverständlich, daß man in künftigen Fällen nur mehr dieses neuen Verfahrens sich bedienen wird.

Nach gehöriger Austrocknung des Hohlmodells wurde seine untere, die Gebirg-form darstellende Oberfläche mit Aluminiumfolie unter Verwendung von Eiweiß als Klebmittel belegt. Dabei wurden Isolierstreifen von etwa 2—3 mm Breite entsprechend den Schichtenlinien 600m, 1200 m, 1800 m, 2400 m und 3000 m und den Hauptkamm- und Tallinien ausgespart bzw. ausgekratzt.

Von jedem durch die Isolierstreifen gebildeten Feld, von denen im ganzen 64 vor-handen waren, führte ein metallisch mit dem Aluminiumbelag verbundener feiner, isolierter Kupferdraht durch die Gipsform hindurch über diese hinweg zu der zugehöri-gen Klemme an der Schalttafel ($S_H$ Tafel I).

Die Mundlöcher des Tunnels sowie die ganzen Kilometerstationen waren an der unteren Fläche der Hohlform bezeichnet. Daselbst gebohrte und mit Messingröhrchen gefütterte Löcher gestatteten nach Bedarf das Einstecken von Ösen, mittels welcher die betreffende Station auf die Untere Platte UPl herabgesenkelt werden konnte.

Die Aufhängung des Hohlmodells geschah mittels 6 Rundeisen, welche durch Schließen mit Rechts- und Linksgewinde in ihrer Länge geregelt werden konnten. Am oberen Ende der Hängeeisen war für gehörige elektrische Isolierung durch starke Platten aus Hartgummi gesorgt (Tafel I links oben).

**B.** Gotthard. Das rechteckige Gebiet um den Gotthardtunnel wurde größer gewählt als beim Simplontunnel, um den Einfluß der Form der Oberfläche des über dem Tunnel liegenden Gebirges in noch weiterem Umfang zu berücksichtigen. Der gewählte Maßstab des Modells war 1:20000.

Das Modell selbst war von gleicher Größe wie beim Simplon (Abb. 3). Die Breite des Gebiets betrug 15.200 km, die Länge 40.560 km, die Fläche somit 616.51 km².

Die Tunnelachse liegt in der Längs-mittellinie des Rechtecks. Jede Tunnel-mündung steht vom benachbarten, senk-recht zur Tunnelachse stehenden Rand des Rechtecks 12.820 mk ab.

Auch bei diesem Modell wurde die Schichtendicke zu 60 m gewählt. Die Pappendeckel zur Anfertigung des Voll-

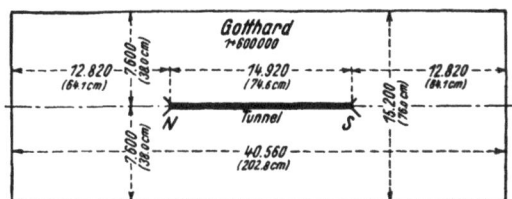

Abb. 3. (Maße km.)

modells erhielten demnach eine Dicke von etwas weniger als $\frac{60\,000}{20\,000} = 3$ mm.

Im übrigen geschah die Ausführung in genau gleicher Art wie oben beim Simplon beschrieben.

Die Zahl der durch Isolierstreifen längs der 600 m-Schichtlinien und längs der Hauptkamm- und Tallinien gebildeten Felder betrug 60. Dementsprechend hatte die Schalttafel ($S_H$ Tafel I) 60 Klemmen.

## 2. Die „Untere Platte" (UPL Tafel I).

Sie bestand aus einer Zinkplatte von 2 m Länge, 1 m Breite und 1 mm Dicke, auf-genagelt auf einen Holzrahmen mit Quer- und Längsleisten. An der einen Langseite war eine Sammelrinne angelötet zum Abführen des Wassers aus dem Wassertropf-ausgleicher, das sich auf der Platte sammelte und von Zeit zu Zeit davon abgestrichen wurde, um eine merkliche Veränderung der Lage der Äquipotentialflächen zu ver-meiden.

Die Platte wurde genau wagrecht gelegt. Für künftige Versuche würde es sich empfehlen, ihr eine ganz schwache Drehung um die wagrechte Längsmittellinie nach der Seite der Ablaufrinne zu geben, damit das Abwasser des Wassertropfausgleichers von selbst abfließen kann. Auf die elektrischen Spannungsverhältnisse in der Lotebene durch die Tunnelachse würde die kleine Neigung keinen merklichen Einfluß haben können.

Die Platte mit ihrem Holzrahmen ruhte unter Zwischenschaltung von Doppelkeilen und dicken Paraffinplattenstücken elektrisch isoliert auf einem Tisch unterhalb des Hohlmodells.

Auf der Platte war der Grundriß der Tunnelachse mit den Halbkilometerstationen schwarz auf weißem Grund gezeichnet in richtiger Lage zum Hohlmodell, so daß mittels der kleinen Theodoliths **Th** (Tafel I) der Auflösungspunkt des Wassertropfausgleichers genau auf die betreffende Station eingestellt werden konnte.

### 3. Nivellement des Modells und Einfluß der Modellabweichungen von der Karte auf die Kurve der abgeleiteten Gesteintemperaturen.

#### I. Nivellement.

**A.** Simplon. Nachdem das Hohlmodell an der Trägerdecke des Versuchsraumes aufgehängt war, wurde die Ebene der 2400 $^m$-Schichtenlinie, deren Spur an den lotrechten Begrenzungsflächen des Modells angerissen war, mit Hilfe des Kathetometers **Ka** (Tafel I) genau wagrecht ausgerichtet durch passendes Anziehen oder Nachlassen der in die Hängeisen eingeschalteten Schließen. In dieser Lage wurde es dann noch mittels der aus der Zeichnung ersichtlichen Spanndrähte verspannt.

Um nun ein Maß für die Genauigkeit der Ausführung des Modells zu erhalten, wurde ein Längenprofil in der Lotebene durch die Tunnelachse aufgenommen, wobei man sich auf die Geländepunkte über den ganzen Kilometerstationen beschränkte.

Ohne auf die Messungen an den einzelnen Oberflächenpunkten über den Kilometerstationen des Tunnels näher einzugehen, sei nur bemerkt, daß sich im Bereich der Tunnelstrecke der Unterschied $\Delta$ zwischen der Seehöhe $H_K$ nach der Karte und der Seehöhe $H_M$ nach dem Hohlmodell im Mittel ergeben hat zu

$$\Delta = H_K - H_M = -16.78^m,$$

oder im Modellmaßstab $- 1.12^{mm}$. Um diesen Betrag ist also im Meßbereich das Modell zu hoch.

**B.** Gotthard. Hier wurden 2 Nivellements des Modells, und zwar vor der Aufhängung an der Decke in der bequemeren umgekehrten Lage durchgeführt.

**a)** Das eine erstreckte sich auf das ganze Modellgebiet, d. h. auf alle, rd. 3 $^{km}$ voneinander entfernten Schnittpunkte des Gradnetzes, 66 an der Zahl. Es ergab sich im Mittel

$$\Delta = H_K - H_M = -20.4^m,$$

oder im Modellmaßstab $- 1.02^{mm}$.

Um diesen Betrag liegen alle die erwähnten 66 Meßpunkte des Modells im Durchschnitt zu hoch.

**b)** Das zweite Nivellement verlief längs der geradlinigen Tunneltrasse und ihren beiden Verlängerungen bis zu den Grenzen des Modellgebiets. Die Stationen waren 0.2 $^{km}$ voneinander entfernt. Als Nullpunkt der Stationierung wurde die Nordmündung (Göschenen) des Tunnels gewählt.

Es ergab sich im Mittel

α) auf der ganzen Strecke von Modellgrenze Nord bis Modellgrenze Süd, d. h. auf der ganzen Länge von 40.4 $^{km}$

$$\Delta = H_K - H_M = +10.2^m$$

oder im Modellmaßstab $+ 0.51^{mm},$

$\beta$) auf der Tunnelstrecke von N0 bis S0

$$\varDelta = \mathbf{H}_K - \mathbf{H}_M = +35.3^{\,m}$$

oder im Modellmaßstab $+1.76^{\,mm}$.

Es ist also in der Lotebene der Tunnelachse das Modell um diese Beträge zu niedrig.

### II. Einfluß der Modellabweichungen von der Karte auf die Kurven der abgeleiteten Gesteintemperaturen.

**A.** S i m p l o n. Zur Ermittlung des Umzeichnungsfaktors $\mathbf{F}_T : \mathbf{F}_{\mathfrak{B}}$ (s. S. 14) waren die „wahren" Felstemperaturen auf den Strecken km N0 $\sim$ 8 und km S0 $\sim$ 1.5 verwertet worden. Auf diesen Strecken beträgt die mittlere Abweichung des Modells von der Karte $\varDelta = -15^{\,m}$. Ihr Einfluß ist im Umzeichnungsfaktor enthalten, so daß also eine Verbesserung der abgeleiteten Gesteintemperaturen auf diesen angeführten Strecken im Durchschnitt entfällt. Auf der zwischenliegenden Strecke km N8 bis km S1.5 dagegen wären solche Verbesserungen der abgeleiteten Gesteintemperaturen anzubringen, wenn der Modellfehler merklich von $\varDelta = -15^{\,m}$ abweicht. Nun ist auf der Strecke km N8 bis km S1.5 im Durchschnitt die Abweichung $\varDelta' = -18.4^{\,m}$, also $\varDelta'' = \varDelta' - \varDelta = -18.4 - (-15) = -3.4^{\,m}$, d. h. auf der Strecke km N8 bis km S1.5 liegt im Mittel die Erdoberfläche um 3.4$^{\,m}$ höher als auf der Strecke km N0 $\sim$ 8 $+$ km S0 $\sim$ 1.5. Die Geoisothermen sind dadurch hinaufgehoben über ihre richtige Lage, wie sie sich einstellen würde, wenn das Modell genau der Karte entspräche.

Die Lage eines Punktes einer Geoisotherme ändert sich in senkrechter Richtung im Vergleich mit der Abweichung der Lage des entsprechenden Oberflächenpunktes im gleichen Verhältnis wie die Höhen dieser Punkte über der Unteren Platte **(UPl)**. Bei der Kleinheit der Abweichungen $\varDelta$ kann man so mit vollkommen ausreichender Genauigkeit die Verbesserungen, die an den abgeleiteten Gesteintemperaturen anzubringen wären, an jeder Tunnelstation leicht ermitteln, indem man der Zeichnung (Tafel II) die im Tunnelniveau an dieser Stelle herrschende geothermische Tiefenstufe entnimmt und durch diese die Verschiebung der mittels des Modells erhaltenen Geoisothermen dividiert.

Im vorliegenden Fall wurde auf die Durchführung der Rechnung Kilometer für Kilometer verzichtet: es wurden nur die mittleren Verhältnisse berücksichtigt. Es ergibt sich folgendes:

auf der Strecke $\mathbf{L}_1 =$ km N0 $\sim$ 8 $+$ km S0 $\sim$ 1.5 ist im Mittel $\varDelta = -15.0^{\,m}$

,, ,, ,, $\mathbf{L}_2 =$ km N8 bis km S1.5 ,, ,, ,, $\varDelta' = -18.4^{\,m}$

somit $\varDelta' - \varDelta = \varDelta'' = -3.4^{\,m}$.

Auf $\mathbf{L}_2$ ist die Höhe der Erdoberfläche über **UPl** im Mittel $\mathbf{H}_0' = 8.26^{\,km}$

,, ,, ,, ,, ,, des Tunnels ,, ,, ,, ,, $\mathbf{H'}_{Tu} = 6.68^{\,km}$

,, ,, beträgt die H e b u n g der Geoisotherme somit

$$\varDelta G = \frac{H'_{Tu}}{H_0'}(\varDelta' - \varDelta) = \frac{6.68}{8.26} \cdot 3.4^{\,m} = 2.75^{\,m}.$$

,, ,, ist die mittlere geothermische Tiefenstufe in Tunnelhöhe $\mathbf{G}_{Tu} = 31.5^{\,m/1^\circ\,C}$.

Demnach ist auf $\mathbf{L}_2$ im Mittel die abgeleitete Gesteintemperatur zu hoch um

$$\varDelta t_b = \frac{2.75}{31.5} = 0.087^{\circ\,C}.$$

Auf die Anbringung dieser geringfügigen Verbesserung wurde natürlich angesichts der sonstigen viel größeren, namentlich durch die ungenügende Kenntnis der Bodentemperaturen bedingten Unsicherheiten verzichtet.

**B.** Gotthard. Zur Ermittlung der aus der Spannungskurve abgeleiteten Kurve der Gesteintemperaturen waren hier sämtliche Beobachtungen der „wahren" Gesteintemperatur auf der ganzen Tunnelstrecke von km N0 bis km S0 verwertet worden. Dadurch ist im Durchschnitt der Einfluß der Modellabweichungen von der Karte von selbst im Umzeichnungsverhältnis $\frac{F_T}{F_\mathfrak{W}}$ berücksichtigt. Verbesserungen der Gesteintemperaturen kommen hier also überhaupt nicht in Betracht.

### 4. Elektrische Isolation des Hohlmodellbelages und der „Unteren Platte" (UPl).

Eine der wichtigsten zu erfüllenden Vorbedingungen für die Durchführung der Versuche war eine gute elektrische Isolation der Belagfelder und der „Unteren Platte" **(UPl).**

Deren Prüfung geschah mittels des Edelmannschen Spiegelgalvanometers (**EG** Tafel I).

Der Isolationswiderstand zwischen je zwei aneinanderstoßenden Feldern wurde bei allen Paaren solcher benachbarter Felder gemessen.

Bei den 154 Feldpaaren des Simplonmodells ergab er sich im Mittel zu 5170 Megohm, also bei weitem ausreichend groß. Beim Gotthardmodell war der kleinste Widerstand zwischen je zwei aneinanderstoßenden Feldern 3000 Megohm.

Da aber, wie unten S. 33 und S. 36 ausgeführt, bei den Hauptversuchen die sämtlichen Felder einer 600 m-Schicht untereinander verbunden waren, wurde auch noch die Isolation jeder solchen 600 m-Schicht gegen ihre Nachbarn untersucht. Es ergab sich dabei als kleinster Wert des Isolationswiderstandes 1500 Megohm.

Noch höhere Anforderungen mußten an die Isolation der **UPl** gestellt werden angesichts des Spannungsunterschiedes von mehr als 200 Volt, welchen diese Platte gegen Erde besaß.

Bei der Untersuchung ergab sich ein unmeßbar kleiner Ausschlag des auf gleiche Empfindlichkeit wie beim obigen Versuch geschalteten Galvanometers. Demnach war auch hier die Isolation sehr gut.

### 5. Einrichtung zum Aufladen des Hohlmodells.
(Siehe Tafel I und Abb. 4.)

Als Spannungsquelle diente eine 9-zellige Batterie von großplattigen Akkumulatoren $A_H$.

Der + Pol der Batterie war, unter Einschaltung eines Stromunterbrechers $U_H$ an die eine Klemme des Widerstands **R** angeschlossen, der — Pol wurde, unter Einschaltung des Regulierwiderstandes $R'_H$ (110 $\Omega$), geerdet.

Die andere Endklemme von **R** war ebenfalls geerdet. Der Spannungsunterschied von $U_H$ gegen Erde wurde dauernd auf gleicher Höhe gehalten mit Hilfe von $R'_H$.

Der Widerstand **R**, zwischen dessen Endklemmen also ein, wie vorstehend ausgeführt, während der Versuche ein für allemal festgelegter Spannungsunterschied herrschte, bestand aus Konstantandraht von 0.5 mm Durchmesser und einer Gesamtlänge von etwa 112 m. Der Draht wurde zickzackförmig (72 Lagen) über Isolatoren in einen Holzrahmen gespannt, der in bequemer Höhe an der Decke des Versuchsraumes aufgehängt war. Der Widerstand von **R** betrug 268 $\Omega$.

Wie oben S. 9 gezeigt, entsprachen den Oberflächentemperaturen bestimmte Spannungen. Es wurden an **R** diejenigen Punkte des Drahtes aufgesucht, an welchen diese Spannungen herrschten, und dort verschiebbare Klemmen angebracht, von welchen Leitungsdrähte nach den entsprechenden Klemmen der Schalttafel $S_H$ (Tafel I) führten. Die Klemmen von $S_H$ waren schichtweise untereinander verbunden. Jeder 600 m-Schicht wurde ein Leitungsdraht zugewiesen.

Zur Schonung der Batterie $A_H$ wurde $U_H$ nur während der Versuche geschlossen.

### 6. Aufladung der „Unteren Platte" UPl.
(Siehe Tafel I und Abb. 4.)

Zum Aufladen der **UPl** auf die gewählte Spannung von etwas über 200 Volt gegen Erde diente eine kleinzellige Akkumulatorenbatterie mit 150 in Reihe geschalteten Elementen, von welchen nach dem jeweiligen Spannungszustand der Batterie die erforderliche Zahl von Elementen verwendet wurde.

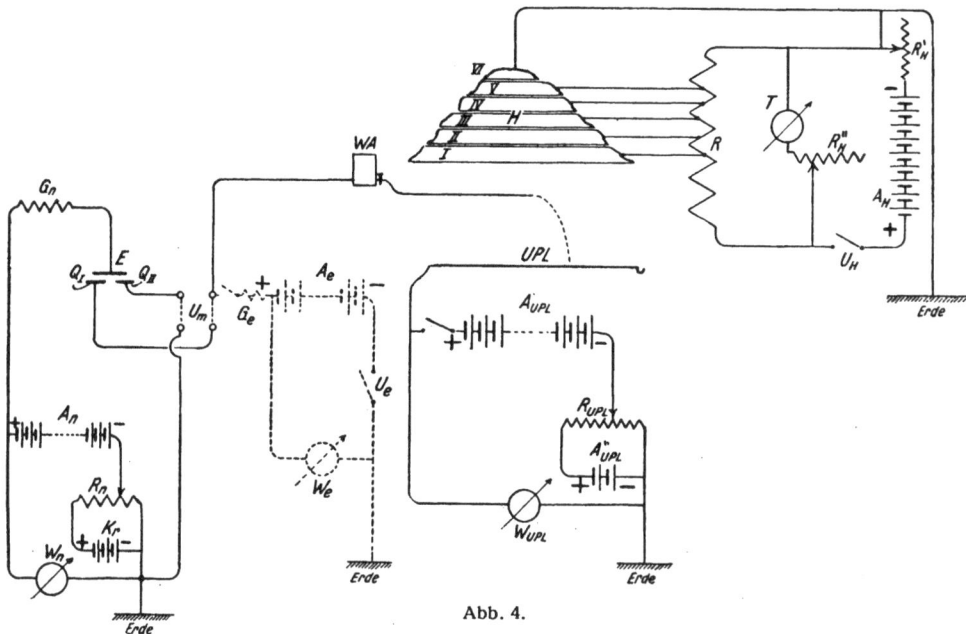

Abb. 4.

Man kann mit Hilfe einer solchen Batterie die Spannung nur sprungweise von 2 zu 2 Volt ändern. Um nun stetige Änderungen auszuführen, war folgende Einrichtung getroffen (Potentiometerschaltung): zwei Akkumulatoren $A''_{UPl}$ schicken ihren Strom in einen Schieberwiderstand, dessen eines Ende mit Erde verbunden war. Der Schlitten des Widerstandes ist verbunden mit dem — Pol der Hochspannungsbatterie. Durch Verschiebung des Schlittens kann man die Spannung stetig verändern zwischen Erdpotential und Spannung der Batterie.

Die Spannung von **UPl** wurde während der Spannungsmessungen im Feld genau auf gleicher Höhe gehalten. Zu ihrer Ablesung diente das Voltmeter $W_{UPl}$.

### 7. Meßinstrumente und deren Verwendung.
#### a) Geodätische Instrumente.

α) Kathetometer (**Ka** in Tafel I) von Breithaupt & Sohn in Cassel, umgebaut von Edelmann in München. Das Instrument diente zur Ermittlung der Höhenlage des jeweiligen Meßpunktes im elektrostatischen Feld. Als solcher Meßpunkt wurde der Mittelpunkt der Ausflußdüse des Wassertropfausgleichers angesehen. Die Noniuseinheit des Kathetometermaßstabes betrug $1/20$ mm, so daß also die Höhen am Simplon-modell (1:15000) auf 0.75 m der Natur, am Gotthardmodell (1:20000) auf 1 m der Natur genau bestimmt werden konnten.

$\beta$) Theodolit (Th in Tafel I). Das Instrument, ein kleiner Reisetheodolit von F. Miller in Innsbruck, ermöglichte die genaue Einstellung der Düse des Wassertropfausgleichers auf die jeweilige Tunnelstation, die auf der UPl verzeichnet war.

Die beiden Instrumente Ka und Th waren so aufgestellt, daß die Ablesungen daran bequem und rasch hintereinander erfolgen konnten.

### b) Elektrische Instrumente.

$\alpha$) Torsionsgalvanometer von Siemens & Halske in Berlin (T in Tafel I und Abb. 4, S. 33). Es diente, ähnlich wie das unter 6. (S. 33) erwähnte Voltmeter $W_{UPl}$, zur Erhaltung der Aufladspannungen des Hohlmodells auf gleicher Höhe. Es kann ebensogut durch irgendein Voltmeter ersetzt werden.

$\beta$) Weston-Voltmeter $W_{UPl}$. Auch über die Verwendung dieses Instrumentes ist das Nötige schon oben unter 6. gesagt.

$\gamma$) Ebertsches Quadrantelektrometer (E in Tafel I und Abb. 4, S. 33).

Zur Messung der Spannung im Feld war anfänglich ein Lutz-Edelmannsches Saitenelektrometer verwendet worden. Aus den oben (S. 11) angeführten Gründen wurde dieses Instrument bei den maßgebenden Versuchen ersetzt durch ein Ebertsches Quadrant-Elektrometer. Durch Veränderung der Höhenlage der über den Quadranten schwebenden Nadel läßt sich im Zusammenwirken mit der Änderung der Nadelspannung die Empfindlichkeit des Instrumentes innerhalb weiter Grenzen leicht den jeweiligen Anforderungen anpassen und überdies eine fast geradlinige Eichkurve erzielen, welche für lange Zeit Gültigkeit behält, wie wiederholte Nachprüfungen ergaben. (Siehe Zahlentafel 7, „Eichtafel des Ebertelektrometers".)

Die Schaltung des Instruments geht aus Abb. 4, S. 33 hervor (vgl. auch Tafel I). An den Wassertropfausgleicher WA ist ein einfacher Stromwender ($U_m$) angeschlossen, von welchem 2 Leitungen zu den beiden Quadrantenpaaren $Q_1$ und $Q_2$ führen, während eine Klemme von $U_m$ geerdet ist. Zur Aufladung der Elektrometernadel diente die Akkumulatorenbatterie $A_n$, deren — Pol durch eine Potentiometerschaltung wie unter 6. mit der Erde verbunden war ($R_n$ und $K_r$ in Tafel I und Abb. 4, S. 33). Die Kontrolle der Nadelspannung geschah mittels des Voltmeters $W_n$. Bei den Gotthardversuchen und einigen Simplonversuchen war die Nadelspannung 130.0 Volt, bei den übrigen Simplonversuchen 150.3 Volt abgesehen von denjenigen Versuchen, bei welchen statt des Ebertelektrometers ein Saitenelektrometer verwendet worden war.

Die Spiegelablesungen am Ebertelektrometer geschahen nicht in der meist üblichen Weise, daß bei wiederholten Ablesungen nach jeder Ablesung umgeschaltet wurde. Es wurde vielmehr in Zeitabständen von je 20 sek fünfmal links abgelesen, dann umgeschaltet und nach Beruhigung der Nadel alle 20 sek fünfmal rechts abgelesen. Der Unterschied der Ablesungssummen links und rechts ergab, durch 10 dividiert, für den Ausschlag der Nadel einen Mittelwert, welcher, wie wiederholt festgestellt wurde, ebenso genau war wie bei jedesmaligem Umschalten, jedoch viel weniger Zeit beanspruchte.

$\delta$) Im Zusammenhang mit dem Elektrometer möge auch das Nötige über den Thomsonschen Wassertropfausgleicher gesagt werden.

Das Wassergefäß des Ausgleichers hatte einen Inhalt von etwa $^4/_3$ l. Die Lage des Wasserspiegels wurde durch ein Wasserstandglas kontrolliert und stets möglichst auf gleicher Höhe gehalten. An das Gefäß war ein absperrbares kupfernes Sondenröhrchen von 4 mm äußerem Durchmesser angeschlossen. Dieses Röhrchen ragte senkrecht zur Lotebene durch die Tunnelachse in das elektrostatische Feld hinein.

Zahlentafel 7.

### Beispiel einer Eichtafel für das Ebert-Elektrometer.

(Das Argument $S_0$ bedeutet die abgelesenen Skalenteile, die Werte der Tafel sind die zugehörigen Volt).

Nadelspannung $V_n = 130.0$ Volt.

| $S_0$ | .0 | .1 | .2 | .3 | .4 | .5 | .6 | .7 | .8 | .9 | $S_0$ |
|---|---|---|---|---|---|---|---|---|---|---|---|
| 0 | 0.00 | 14 | 28 | 43 | 57 | 71 | 85 | 1.00 | 14 | 28 | 0 |
| 1 | 1.42 | 57 | 71 | 85 | 99 | 2.14 | 28 | 42 | 56 | 71 | 1 |
| 2 | 2.85 | 89 | 313 | 27 | 32 | 46 | 60 | 75 | 99 | 4.13 | 2 |
| 3 | 4.27 | 41 | 55 | 70 | 84 | 98 | 5.12 | 26 | 40 | 54 | 3 |
| 4 | 5.68 | 83 | 97 | 6.11 | 25 | 39 | 53 | 67 | 82 | 96 | 4 |
| 5 | 7.10 | 24 | 38 | 52 | 66 | 81 | 95 | 8.09 | 23 | 38 | 5 |
| 6 | 8.52 | 67 | 81 | 96 | 9.10 | 25 | 40 | 54 | 69 | 83 | 6 |
| 7 | 9.98 | 10.12 | 27 | 42 | 56 | 71 | 85 | 11.00 | 14 | 29 | 7 |
| 8 | 11.44 | 58 | 73 | 87 | 12.02 | 16 | 31 | 46 | 61 | 76 | 8 |
| 9 | 12.91 | 13.06 | 21 | 35 | 50 | 65 | 80 | 95 | 14.10 | 25 | 9 |
| 10 | 14.40 | 55 | 70 | 85 | 15.00 | 15 | 30 | 44 | 59 | 74 | 10 |
| 1 | 15.89 | 16.04 | 19 | 34 | 49 | 64 | 79 | 95 | 71.10 | 25 | 1 |
| 2 | 17.40 | 56 | 71 | 86 | 18.01 | 17 | 32 | 47 | 62 | 77 | 2 |
| 3 | 18.93 | 19.08 | 23 | 38 | 54 | 69 | 84 | 99 | 20.15 | 30 | 3 |
| 4 | 20.45 | 60 | 74 | 89 | 21.03 | 18 | 33 | 47 | 62 | 76 | 4 |
| 15 | 21.91 | 22.06 | 20 | 35 | 49 | 64 | 79 | 93 | 23.08 | 22 | 15 |
| 6 | 23.37 | 51 | 66 | 71 | 85 | 24.00 | 14 | 39 | 55 | 70 | 6 |
| 7 | 24.86 | 25.02 | 18 | 33 | 49 | 65 | 81 | 96 | 26.12 | 28 | 7 |
| 8 | 26.43 | 59 | 75 | 91 | 27.06 | 22 | 38 | 54 | 69 | 85 | 8 |
| 9 | 28.01 | 16 | 32 | 48 | 63 | 79 | 94 | 29.09 | 25 | 40 | 9 |
| 20 | 29.55 | 71 | 86 | 30.01 | 17 | 32 | 47 | 63 | 78 | 93 | 20 |
| 1 | 31.09 | 24 | 39 | 55 | 70 | 85 | 32.01 | 16 | 32 | 48 | 1 |
| 2 | 32.64 | 80 | 96 | 33.12 | 29 | 45 | 61 | 77 | 93 | 34.09 | 2 |
| 3 | 34.25 | 41 | 57 | 73 | 89 | 35.05 | 21 | 37 | 54 | 70 | 3 |
| 4 | 35.86 | 36.02 | 18 | 34 | 50 | 66 | 83 | 99 | 37.15 | 31 | 4 |
| 25 | 37.47 | 64 | 80 | 96 | 38.12 | 28 | 45 | 61 | 77 | 93 | 25 |
| 6 | 39.10 | 26 | 42 | 58 | 74 | 91 | 40.07 | 23 | 40 | 57 | 6 |
| 7 | 40.73 | 90 | 41.07 | 24 | 40 | 57 | 74 | 91 | 42.08 | 24 | 7 |
| 8 | 42.41 | 58 | 75 | 91 | 43.08 | 25 | 42 | 59 | 75 | 92 | 8 |
| 9 | 44.09 | 26 | 43 | 60 | 78 | 95 | 45.12 | 29 | 46 | 63 | 9 |
| 30 | 45.80 | 98 | 46.15 | 32 | 49 | 66 | 83 | 47.00 | 17 | 35 | 30 |
| 1 | 47.52 | 69 | 86 | 48.03 | 20 | 37 | 55 | 72 | 89 | 49.06 | 1 |
| 2 | 49.23 | 40 | 58 | 75 | 92 | 50.09 | 26 | 43 | 61 | 78 | 2 |
| 3 | 50.95 | 51.12 | 29 | 47 | 64 | 81 | 98 | 52.15 | 33 | 50 | 3 |
| 4 | 52.67 | 85 | 53.03 | 21 | 38 | 56 | 74 | 92 | 54.10 | 28 | 4 |
| 35 | 54.45 | 63 | 81 | 99 | 55.17 | 35 | 53 | 70 | 88 | 56.06 | 35 |
| 6 | 56.24 | 43 | 61 | 80 | 98 | 57.17 | 36 | 54 | 73 | 91 | 6 |
| 7 | 58.10 | 29 | 47 | 66 | 84 | 59.03 | 22 | 40 | 59 | 77 | 7 |
| 8 | 59.96 | 60.13 | 31 | 48 | 66 | 83 | 61.00 | 18 | 35 | | 8 |
| 9 | | | | | | | | | | | 9 |
| $S_0$ | .0 | .1 | .2 | .3 | .4 | .5 | .6 | .7 | .8 | .9 | $S_0$ |

P. P.

| 14 | |
|---|---|
| 1 | 1 |
| 2 | 3 |
| 3 | 4 |
| 4 | 6 |
| 5 | 7 |

| 15 | |
|---|---|
| 1 | 1 |
| 2 | 3 |
| 3 | 4 |
| 4 | 6 |
| 5 | 7 |

| 16 | |
|---|---|
| 1 | 2 |
| 2 | 3 |
| 3 | 5 |
| 4 | 6 |
| 5 | 8 |

| 17 | |
|---|---|
| 1 | 2 |
| 2 | 3 |
| 3 | 5 |
| 4 | 7 |
| 5 | 8 |

| 18 | |
|---|---|
| 1 | 2 |
| 2 | 4 |
| 3 | 5 |
| 4 | 7 |
| 5 | 9 |

| 19 | |
|---|---|
| 1 | 2 |
| 2 | 4 |
| 3 | 6 |
| 4 | 8 |
| 5 | 9 |

In die Mündung des Kupferröhrchens (s. Abb. 5) war eine goldene Düse eingelötet mit einer Bohrung von 0.2 mm Durchmesser und einer Wandstärke von 0.2 mm.

Düse des Wassertropfausgleichers.

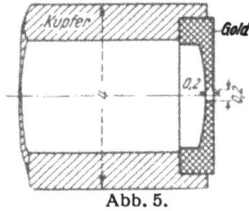

Abb. 5.

Das ausfließende Wasserstrählchen hatte seinen Auflösungspunkt in einer Entfernung von etwa 2.5 mm von der Düse. Der Auflösungspunkt befand sich stets in der Lotebene der Tunnelachse und wurde mittels einer Schraubenstütze unter dem Wassergefäß genau auf die verlangte, mit Hilfe des Kathetometers einvisierte Höhe eingestellt.

Bei einer Druckhöhe von 265 mm betrug die Ausflußmenge 43.21 $\overline{mm^3/1\ sek}$.

$\varepsilon$) Eichvoltmeter. Zur Eichung des Ebertschen Quadrantelektrometers bzw. des Saitenelektrometers, wurde ein Eichvoltmeter der Weston Company verwendet. Die Schaltung des Instruments ist aus Abb. 4, S. 33 ersichtlich. In der Zeichnung bedeutet $W_e$ das Eichvoltmeter, $A_e$ eine Akkumulatorbatterie, $U_e$ einen Stromunterbrecher. Die Einrichtung war so getroffen, daß jederzeit leicht eine Eichung vorgenommen werden konnte.

### 8. Ermittlung der Aufladspannung für die einzelnen Gebiete des Hohlmodells.

Im I. Teil Ziffer 4 S. 11 wurde bereits erwähnt, daß die sehr spärlichen zur Verfügung stehenden Beobachtungen der Oberflächentemperaturen sowohl im Simplon- wie im Gotthardtunnelgebiet dazu veranlaßt haben, die am Modell vorgesehenen, elektrisch gegeneinander isolierten Parzellen nicht getrennt zu behandeln, sondern zu größeren Einheiten zusammenzufassen. Es geschah dies in der Weise, daß das zu untersuchende Gebiet durch wagrechte Ebenen in Schichten von je 600 m Höhe geteilt wurde. Alle in eine solche Schicht fallenden Oberflächenparzellen wurden an der Schalttafel $S_H$ elektrisch miteinander verbunden. Für jede Schicht wurde die mittlere Bodentemperatur und die ihr entsprechende Aufladspannung bestimmt.

**a)** Zunächst wurde nach dem Vorgang von G. Niethammer (Ecl. Geol. Helv. Vol. XI, Nr. 1, S. 101 ff.) unter Zugrundlegung der tatsächlich beobachteten Bodentemperaturen bzw. der daraus abgeleiteten Jahresmittel, die Gleichung der Bodentemperatur (Jahresmittel) $\Theta$ als Funktion lediglich der Meereshöhe (H in Hektometer) aufgestellt. Es ergab sich:

$\alpha$) für das Simplongebiet $\Theta^{0 C} = 11.88 - 0.465 \times H^{hm}$,

$\beta$) für das Gotthardgebiet $\Theta = 13.89 - 0.498 \times H^{hm}$.

Mit Hilfe dieser Gleichungen sind die Ordinaten der Kurven der „Oberflächentemperaturen über dem Tunnel" in Tafel II und III (rot ausgezogen) ausgewertet. Von einer Verbesserung dieser Kurven, wie sie G. Niethammer beim Simplon durchgeführt hat, wurde abgesehen in Anbetracht der geringen Zahl von Beobachtungsstationen und der Unsicherheit, welche der Übertragung der Verbesserungen auf das ganze Gebiet anhaftet.

**b)** Die Bestimmung der mittleren Bodentemperatur jeder 600 m-Schicht erforderte des weiteren die Ermittlung ihres mittleren Böschungswinkels und ihrer wahren Oberfläche. Diese Bestimmung geschah nach dem Verfahren von S. Finsterwalder („Über den mittleren Böschungswinkel und das wahre Areal einer topographischen Fläche", Sitzungsber. d. mathem.-physikal. Classe d. K. Bayer. Akad. d. Wiss. 1890, Bd. XX, Heft 1).

Ist $\alpha$ der „mittlere Böschungswinkel" einer Fläche $O_0$ und $O$ die Horizontalprojektion von $O_0$, so ist

$$O_0 = \frac{O}{\cos \alpha}.$$

Dabei ist nach Finsterwalder unter dem mittleren Böschungswinkel $\alpha_0$ einer Fläche der Winkel gemeint, „dessen Tangente gleich ist dem arithmetischen Mittel aus den Tangenten der Böschungswinkel der einzelnen Oberflächenelemente, wobei jede dieser Tangenten mit einem der Horizontalprojektion des Elementes proportionalen Gewicht belastet erscheint".

Die Berechnung des mittleren Böschungswinkels $\alpha_0$ erfolgte nach der Finsterwalderschen Formel:

$$\mathrm{tg}\ \alpha_0 = \frac{\text{Äquidistanz} \times \text{Summe der Isohypsenlängen}}{\text{Fläche der Horizontalprojektion}}.$$

Die Durchführung der Rechnung ist in den Zahlentafeln 8 und 9 für den Simplon und Gotthard niedergelegt.

Zu Zahlentafel 8 (Simplon) ist folgendes zu bemerken: Das Gebiet unterhalb 1200 m wurde im Hinblick auf die Art des Geländes in niedrigere Schichten von 450 bis 600, 600—900 und 900—1200 zerlegt mit Stufenhöhen von 30 m, 60 m und 300 m. Von 1200 m bis 3000 m war die Schichthöhe 600 m und ebenso groß die Stufenhöhe. Als zugehörige Länge der Schichentlinie wurde hier, wie auch für die Schicht 900—1200, das nach der Simpsonschen Regel aus der untersten, obersten und in der halben Höhe der Schicht gelegenen Schichtenlinie berechnete Mittel genommen.

Die Oberflächen der 4 über 3000 m sich erhebenden Massen des M^te Leone (3561 m), Wasenhorn (3255 m), Hübschhorn (3196 m) und Bortelhorn (3204 m) wurden einzeln ermittelt. Dabei wurde für Hübschhorn und Bortelhorn der beim Wasenhorn gefundene mittlere Böschungswinkel von 45° 16′ als geltend angenommen.

Zahlentafel 8.
### Simplon-Gebiet. Mittlere Böschungswinkel und wahre Oberflächen.

| Lfd. Nr. | Höhe über Meer | Stufenhöhe $\varDelta z$ | | Gesamte Schichtenlinienlänge $S$ (bzw. mittlere Länge) | $S \cdot \varDelta z$ | Grundrißfläche $O$ | $\mathrm{tg}\ \alpha_0 = \frac{S \cdot \varDelta z}{O}$ | $\alpha_0$ | $\cos \alpha_0$ | Wahre Oberfläche $O_0 = \frac{O}{\cos \alpha_0}$ | |
|---|---|---|---|---|---|---|---|---|---|---|---|
| | | Natur | Modell | | | | | | | einzeln | zusammen |
| | m | m | cm | cm | $\overline{\mathrm{cm}}^2$ | $\overline{\mathrm{cm}}^2$ | | | | $\overline{\mathrm{cm}}^2$ | $\overline{\mathrm{cm}}^2$ |
| | 1 | 2 | 3 | 4 | 5 | 6 | 7 | 8 | 9 | 10 | 11 |
| 1 | 450— 600 | 30 | 0.2 | 335.8 | 67.2 | 170.1 | 0.3950 | 21°33.3′ | 0.9301 | 182.9 | 182.9 |
| 2 | 600— 900 | 60 | 0.4 | 1573.9 | 629.6 | 1229.1 | 0.5121 | 27  7.0 | 0.8901 | 1380.9 | 1563.8 |
| 3 | 900—1200 | 300 | 2.0 | 508.3 | 1016.6 | 1611.0 | 0.6310 | 32 15.3 | 0.8457 | 1905.0 | 3468.8 |
| 4 | 1200—1800 | 600 | 4.0 | 739.4 | 2957.6 | 4595.4 | 0.6438 | 32 46.4 | 0.8408 | 5465.5 | 8964.3 |
| 5 | 1800—2400 | 600 | 4.0 | 770.0 | 3080.0 | 5005.6 | 0.6154 | 31 36.5 | 0.8517 | 5877.2 | 14811.5 |
| 6 | 2400—3000 | 600 | 4.0 | 414.1 | 1656.4 | 2398.5 | 0.6907 | 34 37.9 | 0.8228 | 2914.9 | 17726.4 |
| 7 | 3000—3196 Hübschhorn | 196 | — | — | — | 12.4 | 1.0094[1]) | 45 16.2[1]) | 0.7038 | 17.6 | 17744.0 |
| 8 | 3000—3204 Bortelhorn | 204 | — | — | — | 20.6 | 1.0094[1]) | 45 16.2[1]) | 0.7038 | 29.3 | 17773.3 |
| 9 | 3000—3255 Wasenhorn | 255 | 1.70 | 9.5 | 16.15 | 16.0 | 1.0094 | 45 16.2 | 0.7038 | 22.7 | 17796.0 |
| 10 | 3000—3561 M^te Leone | 561 | 3.74 | 53.6 | 200.5 | 279.1 | 0.7184 | 35 41.6 | 0.8122 | 343.7 | 18139.7 |
| | zusammen | | | | | 15337.8 | | | | 18139.7 | |

[1]) Angenommen wie bei Nr. 9.

Zu Zahlentafel 9 (Gotthard) ist folgendes zu bemerken: Für die unterste Schicht (510—600) wurde der Einfachheit halber und wegen der Ähnlichkeit des Geländes der gleiche mittlere Böschungswinkel angenommen wie in der Simplonschicht 450—600 m.

In den Schichten Nr. 2—5 ist die Stufenhöhe so groß gewählt wie die Schichthöhe (600 m). Die zugehörige Länge der Schichtenlinie ist wie bei den Schichten Nr. 3—6 des Simplon ermittelt worden.

Die vorstehenden Untersuchungen dienen im vorliegenden Falle dem Zweck, mit Hilfe ihrer Ergebnisse die mittlere Bodentemperatur einerseits einzelner Schichten, andererseits der ganzen Modellgebiete zu bestimmen. Da aber die gewonnenen Werte des mittleren Böschungswinkels nach der auf S. 37 gegebenen Finsterwalderschen Definition wohl allgemeineres Interesse bieten dürften, möge noch in Zahlentafel 10 eine gedrängte Zusammenstellung von $\alpha_0$, $O$ und $O_0$ folgen, welche sich auf die zwischen 600 m und 3000 m liegenden Massen des Simplon- und des Gotthardmassives innerhalb der Grenzen der Modellgebiete beschränkt. $O$ und $O_0$ sind hier in Quadratkilometern angegeben. Die Grenzen der Modellgebiete sind aus den beigefügten Skizzen zu entnehmen.

Aus der Zusammenstellung ist zu ersehen, daß in den beiden Modellgebieten des Simplon und des Gotthard die mittleren Böschungswinkel der entsprechenden 600 m-Schichten zwischen 600 m und 3000 m Meereshöhe nur sehr wenig voneinander sich unterscheiden. Der größte Unterschied zeigt sich in der Schicht von 2400—3000 m, deren Oberfläche beim Simplon auch nur um rund 2° steiler ist als beim Gotthard. Allerdings ist dabei zu berücksichtigen, daß die untersuchte Grundrißfläche des Simplon wegen des gewählten Modellmaßstabes (1:15000 gegen 1:20000 beim Gotthard) bei gleicher absoluter Modellgröße 0.56 mal kleiner ist als die des Gotthard.

c) Mit Hilfe der so gewonnenen Werte der wahren Oberfläche läßt sich nunmehr die eigentlich hier vorliegende Aufgabe der Bestimmung der mittleren Bodentemperatur der einzelnen Schichten und der ganzen Modellgebiete nach Finsterwalder in folgender Weise lösen.

Zahlentafel 9.

**Gotthard-Gebiet. Mittlere Böschungswinkel und wahre Oberflächen.**

| Lfd. Nr. | Höhe über Meer | Stufenhöhe $\Delta z$ | | Länge der mittleren Schichtenlinie $S$ | $S \cdot \Delta z$ | Grundrißfläche $O$ | $\mathrm{tg}\,\alpha_0 = \dfrac{S \cdot \Delta z}{O}$ | $\alpha_0$ | $\cos \alpha_0$ | Wahre Oberfläche $O_0 = \dfrac{O}{\cos \alpha_0}$ | |
|---|---|---|---|---|---|---|---|---|---|---|---|
| | | Natur | Modell | | | | | | | einzeln | zusammen |
| | m | m | cm | cm | $\overline{cm}^2$ | $\overline{cm}^2$ | | | | $cm^2$ | $cm^2$ |
| | 1 | 2 | 3 | 4 | 5 | 6 | 7 | 8 | 9 | 10 | 11 |
| 1 | 510— 600 | — | — | — | — | 36.4 | 0.3950[1]) | 21° 33.3′[1]) | 0.9301[1]) | **39.1** | 39.1 |
| 2 | 600—1200 | 600 | 3.0 | 156.3 | 468.9 | 823.1 | 0.5696 | 29 40.0 | 0.8690 | **947.3** | 986.4 |
| 3 | 1200—1800 | 600 | 3.0 | 797.0 | 2391.0 | 3744.3 | 0.6387 | 32 33.8 | 0.8428 | **4442.5** | 5428.9 |
| 4 | 1800—2400 | 600 | 3.0 | 1477.7 | 4433.2 | 7169.2 | 0.6184 | 31 43.9 | 0.8506 | **8429.0** | 13857.9 |
| 5 | 2400—3000 | 600 | 3.0 | 747.6 | 2242.7 | 3495.9 | 0.6418 | 32 41.6 | 0.8416 | **4154.0** | 18011.9 |
| 6 | 3000—3223 Kühplankenstock | 223 | 1.11 | 16.1 | 17.9 | 16.0 | 1.1188 | 48 12.3 | 0.6663 | **24.0** | 18035.9 |
| 7 | 3000—3418 Fleckistock | 418 | 2.09 | 19.4 | 40.5 | 37.2 | 1.0888 | 47 26.2 | 0.6764 | **55.0** | 18090.9 |
| | zusammen | | | | | 15322.1 | | | | **18090.9** | |

[1]) Angenommen wie Zahlentafel 8 Nr. 1.

Zahlentafel 10.

**Vergleichende Übersicht der mittleren Böschungswinkel, Grundrißflächen und wahren Oberflächen im Simplon- und Gotthard-Gebiet.**

| | Simplon-Modell | | | Gotthard-Modell | | |
|---|---|---|---|---|---|---|
| | $F = 344.92\ km^2$ | | | $F = 613.18\ km^2$ | | |
| | Tunnel lang 19.78 km | | 11.88 km | Tunnel lang 14.92 km | | 15.15 km |
| | 30.81 km | | | 40.48 km | | |

| Höhe über Meer m | Mittlerer Böschungs-winkel $\alpha_0$ | Grundriß-fläche $O$ $\overline{km}^2$ | Wahre Oberfläche $O_0$ $\overline{km}^2$ | Mittlerer Böschungs-winkel $\alpha_0$ | Grundriß-fläche $O$ $\overline{km}^2$ | Wahre Oberfläche $O_0$ $\overline{km}^2$ |
|---|---|---|---|---|---|---|
| 600—1200 | 30° 12.8′ | 63.90 | 73.93 | 29° 40′ | 32.92 | 37.89 |
| 1200—1800 | 32 46.4 | 103.40 | 122.97 | 32 33.8 | 149.77 | 177.70 |
| 1800—2400 | 31 36.5 | 112.63 | 132.24 | 31 43.9 | 286.77 | 337.16 |
| 2400—3000 | 34 37.9 | 53.97 | 65.59 | 32 41.6 | 139.84 | 166.16 |
| Zusammen km² | | 333.90 | 394.73 | | 609.30 | 718.91 |

Man zeichnet auf Grund der Werte von $O_0$ in Spalte 11 der Zahlentafeln 8 und 9 und der nach den Formeln α) und β) (S. 36) errechneten, den zugehörigen Höhen entsprechenden Werte von $\Theta$ die Kurve $\Theta = \psi (O_0)$. Diese Kurve ist für den Simplon und für den Gotthard in den Abb. 6 und 7 dargestellt. Zu jeder Abszisse $O_0$ ist auch die

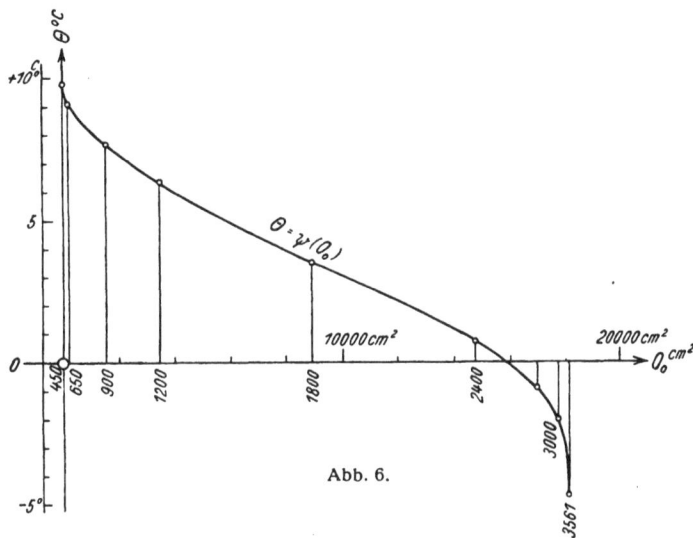

Abb. 6.

zugehörige Meereshöhe hinzugeschrieben. Jeder ins Auge gefaßten, zwischen den Höhen $H_r$ und $H_{r+1}$ gelegenen Schicht entspricht ein Flächenstreifen der Kurve, begrenzt von der Kurve, der Abszissenachse und den Ordinaten $\Theta_r$ und $\Theta_{r+1}$, welche zu den Höhen $H_r$ und $H_{r+1}$ gehören. Durch Planimetrieren des Flächenstreifens oder durch Anwendung der Simpsonschen Regel erhält man dann in bekannter Weise die mittlere

40

Bodentemperatur der betreffenden Schicht bzw. die mittlere Temperatur des ganzen Modellgebietes, wenn man die ganze Fläche der Kurve auswertet.

Die Ergebnisse der Auswertung für die beiden untersuchten Modellgebiete sind in nachfolgenden Zahlentafeln 11 und 12 zusammengestellt. Darin sind, ohne Berück-

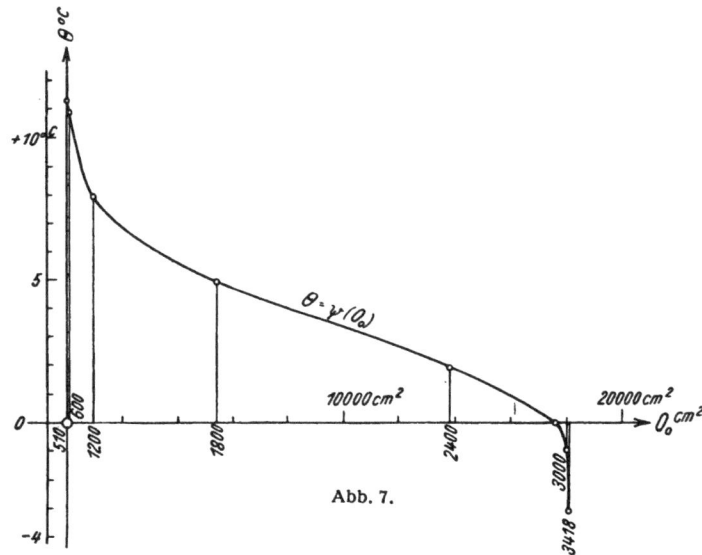

Abb. 7.

sichtigung der Unterteilungen, nur die Endsummen der $\Delta O \times \Theta_m$ und der $\Delta O$ für die Hauptschichten, in welche die Modellgebiete zerlegt waren, angegeben.

In der letzten Spalte 6 sind auch die den mittleren Bodentemperaturen $\Theta_m$ entsprechenden Spannungswerte $V_m$ Volt angegeben, über deren Bestimmung weiter unten (siehe d) das Nähere folgt.

**d)** Die in den Spalten 5 der Zahlentafeln 11 und 12 aufgeführten mittleren Bodentemperaturen der je 6 Hauptschichten sind nun noch in Spannungswerte zu übersetzen, um die ihnen entsprechenden Klemmenstellungen am Widerstand **R** (Tafel I und IV, Abb. 4) ausfindig zu machen und das Hohlmodell in seinen Hauptschichten den mittleren Bodentemperaturen entsprechend aufladen zu können. Dazu war das Verhältnis zu ermitteln:

$$\varepsilon = \frac{\text{Temperatur in } ^oC}{\text{entsprechender Spannungswert in Volt}}.$$

Zu diesem Zweck wurde an jedem Modell ein besonderer Versuch mit Messung der Spannung längs der Tunnelachse wie bei den Hauptversuchen durchgeführt unter folgenden Bedingungen:

1. Untere Platte **UPl** auf 200 Volt aufgeladen,
2. der ganze Modellbelag geerdet.

Das Spannungsniveau Null des Modellbelages wurde angesehen als entsprechend der mittleren Bodentemperatur des ganzen Modellgebiets. Die Ordinaten der bei diesem besonderen Versuch erhaltenen Spannungskurve sind somit proportional den um die mittlere Bodentemperatur verminderten Ordinaten der Kurve der Gesteintemperaturen (s. Abb. 8 u. 9).

$\alpha$) Simplon.

Da die Spannungskurve in diesem Vorversuch nur den Einfluß der Gebirgoberfläche berücksichtigt, wurden beim Simplon zur Ermittlung von $\varepsilon$ nur trockene und von der Wirkung der kalten und „heißen" Quellen mit größer Wahrscheinlichkeit unberührte Tunnelstrecken herangezogen. Diese Annahme trifft zu für die Strecke km N0 bis km N7, die denn auch bei den vorliegenden Untersuchungen in der Tat verwendet wurde. Es ergibt sich dann

$$\varepsilon = \frac{F_t}{F_V} = \frac{8869\,\overline{mm^2}}{6602.5\,\overline{mm^2}} = 1.34328\,°C/1\,\text{Volt}.$$

Dieser Wert von $\varepsilon$ wurde, obwohl er, streng genommen, nur gilt unter der Voraussetzung, daß der Richtstollen auf der Nordseite bis km N7 vorgetrieben sei, daß man

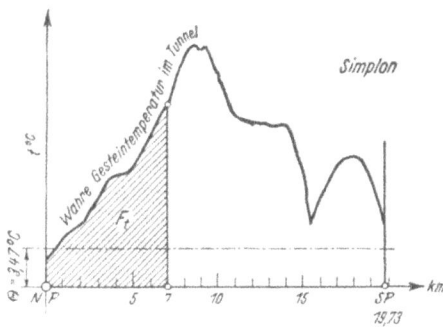

Abb. 8.

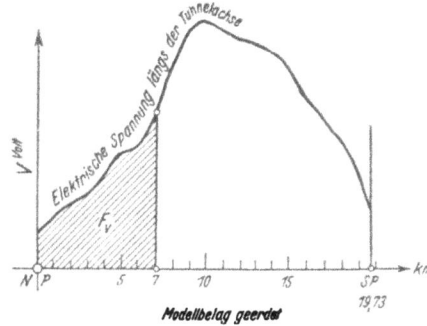

Abb. 9.

also den Verlauf der wahren Gesteintemperatur bis zu diesem Punkt kenne, für alle Hauptversuche angenommen.

Bei neuen Untersuchungen dieser Art würde man etwa, wie schon früher (S. 12 und 16) angedeutet, so vorgehen, daß man mit dem Vordringen des Richtstollens immer die jeweilig aufgefahrenen Strecken in ihrem trockenen, von Gebirgwassern nicht beeinflußten Bereich heranzieht und so die Spannungskurve stetig verbessert. Immerhin ist zu bemerken, daß bei der Überführung der Temperaturwerte der Bodentemperatur in Spannungswerte der Einfluß einer, wie zu erwarten, nur kleinen Änderung von $\varepsilon$ auf die Spannungskurve kaum fühlbar sein werde, so daß man solche Verbesserungen der Aufladespannungen nur in größeren Abständen vorzunehmen braucht.

Mit dem oben gefundenen $\varepsilon = 1.343$ sind die Werte der Spalte 6, Zahlentafel 11, S. 42

$$V_m = \frac{\Theta_m}{1.343}$$

berechnet.

Die so gefundenen $V_m$ wurden zunächst um $2.37\,\text{Volt}$ erhöht, um nur positive Aufladspannungen zu erhalten.

Die wirklich an den Schichten des Simplonmodells angelegten Aufladspannung sind in der nachfolgenden Tabelle angegeben:

**Simplon.**

| Schicht | I | II | III | IV | V | VI |
|---|---|---|---|---|---|---|
| Aufladspannung (Volt) | 9.4 | 8.0 | 5.9 | 4.0 | 2.1 | 0 |

Die Spannung der Unteren Platte **UPl** wurde mit Rücksicht auf die Erhöhung der Aufladspannung um $2.37\,\text{Volt}$ und, um den Nullpunkt der Spannungen mit jenem der Temperatur ($0°C$) in Übereinstimmung zu bringen, auf $200 + 2.37 + \dfrac{3.47}{1.343}$

= 205.0 $^{\text{Volt}}$ gebracht, indem ja nach Zahlentafel 11 die mittlere Bodentemperatur des ganzen Simplonmodellgebiets zu 3.47 $^{\text{o c}}$ sich ergeben hat.

Der Betrag von 2.37 $^{\text{Volt}}$, welcher zur Vermeidung negativer Werte allen errechneten Aufladspannungen hinzugefügt worden war, ist selbstverständlich von den im Tunnelgebiet gemessenen Spannungswerten nachträglich wieder abzuziehen.

$\beta$) Gotthard.

Die Untersuchungen des Gotthardgebiets waren in erster Linie gerichtet auf eine Vergleichung des Verlaufs der Kurve der „wahren" Gesteintemperaturen mit der-

Zahlentafel 11.

**Simplon: Mittlere Bodentemperaturen $\Theta_m^{\text{o}C}$ und ihnen entsprechende mittlere Spannungen $V_m^{\text{Volt}}$ der einzelnen Hauptschichten.**

| Bezeichnung der Schicht | Meereshöhe $H$ der Grenzebenen m | Grundrißfläche $\Sigma \Delta O$ $\overline{\text{cm}}^2$ | $\Sigma \Delta O \cdot \Theta_m$ | $\Theta_m = \dfrac{\Sigma \Delta O \cdot \Theta_m}{\Sigma \Delta O}$ °C | $V_m =$ mittlere Spannung $= \dfrac{\Theta_m}{1.34828}$ Volt |
|---|---|---|---|---|---|
| 1 | 2 | 3 | 4 | 5 | 6 |
| I | 450 | 182.9 | 1715.6 | 9.38 | 6.98 |
| II | 600 | 3285.9 | 24744.5 | 7.53 | 5.68 |
| III | 1200 | 5465.3 | 26234.4 | 4.80 | 3.57 |
| IV | 1800 | 5877.2 | 12694.7 | 2.16 | 1.61 |
| V | 2400 | 2914.9 | —1049.3 | —0.36 | —0.27 |
| VI | 3000 | 413.3 | —1320.2 | —3.19 | —2.37 |
|  | 3561 (M$^{\text{te}}$ Leone) |  |  |  |  |
| zusammen |  | 18139.7 | 63019.7 | **3.474** |  |

Zahlentafel 12.

**Gotthard: Mittlere Bodentemperaturen $\Theta_m^{\text{o}C}$ und ihnen entsprechende mittlere Spannungen $V_m^{\text{Volt}}$ der einzelnen Hauptschichten.**

| Bezeichnung der Schicht | Meereshöhe $H$ der Grenzebenen m | Grundrißfläche $\Sigma \Delta O$ $\overline{\text{cm}}^2$ | $\Sigma \Delta O \cdot \Theta_m$ | $\Theta_m = \dfrac{\Sigma \Delta O \cdot \Theta_m}{\Sigma \Delta O}$ °C | $V_m =$ mittlere Spannung $= \dfrac{\Theta_m}{1.298}$ Volt |
|---|---|---|---|---|---|
| 1 | 2 | 3 | 4 | 5 | 6 |
| I | 510 | 39.1 | 434.0 | 11.10 | 8.55 |
| II | 600 | 947.3 | 8544.6 | 9.02 | 6.95 |
| III | 1200 | 4442.5 | 27365.8 | 6.16 | 4.74 |
| IV | 1800 | 8429.0 | 28490.0 | 3.38 | 2.60 |
| V | 2400 | 4154.0 | 4154.0 | 1.00 | 0.77 |
| VI | 3000 | 79.0 | — 165.1 | — 2.09 | — 1.61 |
|  | 3418 (Fleckistock) |  |  |  |  |
| zusammen |  | 18090.9 | 68823.3 | **3.804** |  |

jenigen, welche sich unter Zugrundelegung der durchschnittlichen Wärme-
leitungsverhältnisse ergeben hätte. Es wurde deshalb für die Ermittlung der Aufladspannung die ganze Tunnelstrecke herangezogen.

Die mittlere „wahre" Gesteintemperatur im Tunnel ergab sich zu $t_m = 23.303^{0\ c}$,
die mittlere Bodentemperatur (nach Zahlentafel 12) zu $\Theta_m = 3.804^{0\ c}$, die mittlere
Ordinate der Spannungskurve bei geerdetem Modellbelag zu $V_m = 15.025^{\text{Volt}}$: demnach folgt

$$\varepsilon = \frac{23.303 - 3.804}{15.025} = 1.298^{0}\text{C}/1^{\text{Volt}}.$$

Damit ergeben sich die Werte der Spalte 6 in Zahlentafel 12, S. 42. Zur Vermeidung von negativen Werten der Aufladspannungen wurden alle Werte der Spalte 6
und ebenso die Spannung der UPl um $1.61^{\text{Volt}}$ erhöht. Dieser Betrag ist, wie schon
beim Simplon bemerkt, nachträglich von den im Tunnelgebiet gemessenen Spannungen
wieder abzuziehen.

Die Aufladspannungen am Gotthardmodell sind aus nachstehender Tabelle zu
ersehen:

**Gotthard.**

| Schicht | I | II | III | IV | V | VI |
|---|---|---|---|---|---|---|
| Aufladspannung (Volt) | 10.2 | 8.6 | 6.4 | 4.2 | 1.4 | 0 |

Die Spannung der UPl betrug bei den Hauptversuchen $206.6^{\text{Volt}}$.

Wie man im Falle eines noch im Vortrieb befindlichen Richtstollens hätte vorgehen müssen, ist schon oben dargelegt worden.

### 9. Vereinfachte Ermittlung der Aufladspannungen für die einzelnen Gebiete des Hohlmodells.

Es ist schon wiederholt darauf hingewiesen worden, daß in den beiden untersuchten Gebieten des Simplon und des Gotthard die Zahl der Beobachtungen der Bodentemperaturen im Hinblick auf die große Ausdehnung der Modellgebiete ($345_{\text{km}^2}$
bzw. $613_{\text{km}^2}$) sehr unzureichend war. Man gewinnt den Eindruck, daß selbst bei den
zur Abkürzung des Verfahrens gewählten großen Stufen- und Schichthöhen der Aufwand an Arbeit, welchen die Bestimmung der mittleren Bodentemperatur wegen der
notwendigen Ermittlung der wahren Oberfläche erfordert, in keinem entsprechenden
Verhältnis stehe zu der Zuverlässigkeit der Unterlagen. Wenn trotzdem das genaue
ausführliche Verfahren zu dieser Bestimmung der mittleren Bodentemperatur hier
angewendet worden ist, so geschah dies, um für künftige Fälle, in denen die Anstellung
von viel ausgedehnteren Beobachtungen zu erhoffen ist, den mit größerer Sicherheit
zum Ziel führenden Weg zu zeigen.

In den beiden hier untersuchten Fällen hätte es genügt, als mittlere Bodentemperatur einer der gewählten 6 Schichten diejenige zu betrachten, welche für die Seehöhe
in der halben Höhe der Schicht sich aus der Gleichung der Bodentemperatur als Funktion der Seehöhe ergibt.

Dies erhellt aus folgenden beiden Tabellen. Darin bedeuten $h_r$ und $h_{r+1}$ die
Seehöhen der Grenzebenen, $\Theta_m'$ die ihrem Mittelwert entsprechende, aus der Gleichung
der Bodentemperatur ermittelte Bodentemperatur und $\Theta_m$ die mit Berücksichtigung
des wahren Ausmaßes der Oberfläche bestimmte mittlere Bodentemperatur der Schicht.

Zahlentafel 13.
**Simplon.**

| Schicht | I | | II | | III | | IV | | V | | VI | |
|---|---|---|---|---|---|---|---|---|---|---|---|---|
| $h_r$, $h_{r+1}$ | 450$^m$ | 600 | | 1200 | | 1800 | | 2400 | | 3000 | | 3561 |
| $\frac{1}{2}(h_r + h_{r+1})$ | | 525 | | 900 | | 1500 | | 2100 | | 2700 | | 3280 |
| $\Theta_m'$ . . . . . . | | 9.44 | | 7.70 | | 4.90 | | 2.12 | | −0.67 | | −3.37 |
| $\Theta_m$ . . . . . . | | 9.38 | | 7.53 | | 4.80 | | 2.16 | | −0.36 | | −2.94 |
| $\Theta_m - \Theta_m'$ . . . | | −0.06 | | −0.17 | | −0.10 | | +0.04 | | +0.31 | | +0.43 |

Zahlentafel 14.
**Gotthard.**

| Schicht | I | | II | | III | | IV | | V | | VI | |
|---|---|---|---|---|---|---|---|---|---|---|---|---|
| $h_r$, $h_{r+1}$ | 510 | 600 | | 1200 | | 1800 | | 2400 | | 3000 | | 3418 |
| $\frac{1}{2}(h_r + h_{r+1})$ | | 555 | | 900 | | 1500 | | 2100 | | 2700 | | 3280 |
| $\Theta_m'$ . . . . . . | | 11.10 | | 9.40 | | 6.42 | | 3.43 | | 0.44 | | −2.09 |
| $\Theta_m$ . . . . . . | | 11.10[1] | | 9.02 | | 6.16 | | 3.38 | | 1.00 | | −2.09[1] |
| $\Theta_m - \Theta_m'$ . . . | | 0.00 | | −0.38 | | −0.26 | | −0.05 | | +0.56 | | 0.00 |

## 10. Verbesserungen, anzubringen an der im Feld gemessenen Spannung.

### I. Isolationsverlust am Wassertropfausgleicher samt Zubehör.

Die im elektrostatischen Feld zwischen Modelloberfläche und UPI am Zerstäubungspunkt des Wassertropfausgleichers auftretende, durch das Elektrometer gemessene Spannung $V_\infty$ (der Index $\infty$ soll andeuten, daß mit der Endablesung am Elektrometer so lang gewartet wurde, bis die Spannung sich nicht mehr änderte) ist wegen der unvermeidlichen Isolationsverluste um einen gewissen Betrag niedriger als die Spannung $V_0$, welche sich im Feld einstellen und am Elektrometer gemessen würde bei vollkommener Isolation des Systems: „Wassertropfausgleicher, Zuleitung, Elektrometer." Die, außerhalb des eigentlichen wirksamen Feldes befindlichen Teile des Systems haben bei Verwendung des Ebertelektrometers eine beträchtlich größere Oberfläche als beim Saitenelektrometer von Lutz-Edelmann. Bei letzterem ist ohne Zweifel der Spannungsverlust kleiner.

Die Ermittlung der am beobachteten $V_\infty$ anzubringenden Verbesserung ist auf Grund folgender Überlegungen geschehen.

**a)** Läßt man den Wassertropfer (so möge der Apparat kürzer genannt werden) bei geerdeter UPI und geerdeter Modelloberfläche anlaufen, wobei das Elektrometer auf dem Nullpunkt steht, und legt dann die Spannungen an UPI und den Modellbelag an, so lädt sich das System: „Wassertropfer-Elektrometer" (in folgendem **W. T. + E** bezeichnet) allmählich nach einer Exponentialkurve auf und die Spannung erreicht assymptotisch (praktisch nach einigen Minuten) den Endwert $V_\infty$. Die Ordinaten der Aufladungskurve sind aber kleiner, als sie es sein würden, wenn keine Isolationsverluste stattfänden, und zwar sind die Spannungsverluste mit genügender Genauigkeit proportional zu setzen der jeweiligen Spannung des Systems (**W T + E**), indem nur ein ganz kleines Stück der Oberfläche des Systems, nämlich ein Stück des Sondenröhrchens von 4 $^{mm}$ Durchmesser im Gebiet höherer Spannung sich befindet, während fast

---

[1] $\Theta_m$ ist hier ebenfalls wie $\Theta_m'$ berechnet, daher der Unterschied = 0.

die ganze Oberfläche von freier Luft mit der Spannung (praktisch genommen) = 0 umgeben ist.

Bei vollkommener Isolation (Kurve — · — · — der nebenstehenden Abb. 10) würde der im Zeitteilchen $d\tau$ erfolgende Spannungszuwachs sich ergeben aus der Beziehung;

$$C \cdot d V' = a_w (V_0 - V') \cdot d\tau, \quad . \; . \; (1)$$

wenn

$C$ = Kapazität des Systems,

$V_0$ = Spannung im betreffenden Feldpunkt,

$V'$ = jeweilige Spannung des Systems während des Ausgleichsvorgangs und

$a_w$ = Konstante ist.

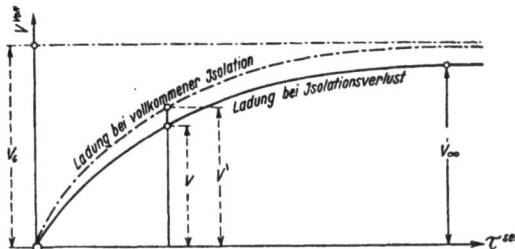

Abb. 10.

Von der Elektrizitätsmenge $C \cdot d V'$ geht aber wegen unvollkommener Isolation verloren ein Betrag

$$C \cdot d V'' = a_i \cdot V \cdot d\tau, \quad . \; . \; . \; . \; . \; . \; . \; . \; . \; . \; . \; . \; . \; (2)$$

wobei $a_i$ eine Konstante bedeutet. Der tatsächliche Spannungszuwachs wird also sein

$$d V = d V' - d V''.$$

Er ist zu berechnen aus der Beziehung:

$$C \cdot d V = a_w (V_0 - V) \cdot d\tau - a_i \cdot V \cdot d\tau =$$
$$= a_w \cdot V_0 \cdot d\tau - (a_w + a_i) \cdot V \cdot d\tau . \; . \; . \; . \; . \; . \; . \; . \; . \; (3)$$

indem in (1) die tatsächlich auftretende Spannung $V$ statt der nur um eine kleine Größe verschiedenen $V'$ eingesetzt wird.

Es kommt nun darauf an, die Festwerte $a_w$ und durch $a_i$ besondere Versuche zu ermitteln.

**b)** Festwert $a_i$. Lädt man das System **W T + E** auf in einer Umgebung von der Spannung = 0 und überläßt es sich selbst, so sinkt die Spannung allmählich. Die Differentialgleichung der Spannungskurve (Abb. 11) ist bekanntlich, wenn $V_i$ die Ordinaten derselben und $\tau$ (Zeit) die Abszissen bedeuten:

$$C \cdot d V_i = - a_i V_i \cdot d\tau \; . \; . \; . \; . \; . \; . \; . \; (4)$$

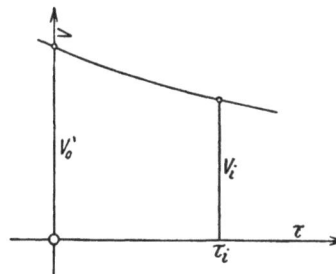

Abb. 11.

Daraus folgt

$$\frac{d V_i}{V} = - \frac{a_i}{C} \cdot d\tau$$

$$\lg V_i = - \frac{a_i}{C} \cdot \tau + b, \text{ wo } \lg = \log \text{ nat.}$$

Für $\tau = 0$ sei $V_i = V_0'$; somit $b = \lg V_0'$ und

$$\lg \frac{V_i}{V_0'} = - \frac{a_i}{C} \cdot \tau_i,$$

also

$$a_i = - \frac{C}{\tau_i} \cdot \lg \frac{V_i}{V_0'} \quad . \; . \; . \; . \; . \; . \; . \; . \; . \; . \; (5)$$

Man hätte also den Anfangswert $V_0'$ und zur Zeit $\tau_i$ den zugehörigen Wert $V_i$ zu beobachten, um, bei gegebenem $C$, $a_i$ berechnen zu können.

**c)** Festwert **a$_w$**. Dieser Festwert kann nicht ohne weiteres bestimmt werden. Die punktweise Beobachtung der Ladungskurve würde allerdings gestatten, einen Festwert zu bestimmen, welcher den Einfluß des Isolationsverlustes einschließt, und unter Zuziehung des vorher ermittelten $a_i$ die Verbesserung von $V_\infty$ zu berechnen. Es wurde aber die Beobachtung der Ladungskurve als für einen einzigen Beobachter zu schwierig und ungenau befunden und deshalb folgender Weg eingeschlagen.

**d)** Legt man an den im spannungslosen Feld laufenden Wassertropfer eine Spannung aus einer unveränderlichen Quelle an, so stellt sich zunächst das Elektrometer auf diese Spannung fest ein. Man kann diesen Wert in Ruhe und genau ablesen. Schaltet man dann die Spannungsquelle plötzlich ab, so entlädt sich das System **W.T.** + **E** unter gleichzeitiger Wirkung des Wassertropfers und des Isolationsverlustes nach einer Kurve, für welche die Gleichung besteht:

$$C \cdot dV = - a_w \cdot V \cdot d\tau - a_i \cdot V \cdot d\tau = -(a_w + a_i) \cdot V \cdot \tau \quad \text{oder}$$

$$C \cdot dV = - a_{iw} \cdot V \cdot \tau, \ldots \ldots \ldots \ldots \ldots \quad (6)$$

wenn $a_w + a_i = a_{iw}$ gesetzt wird.

Dabei ist vorausgesetzt, daß bei vollkommener Isolation die vom Anfangswert $V_0''$ ausgehende Entladungskurve das Spiegelbild der im Feld $\mathbf{V_0''}$ geltenden Ladungskurve

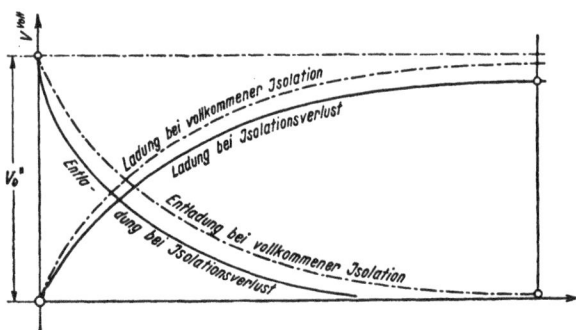

Abb. 12.

sei (Abb. 12), selbstverständlich unter der Bedingung, daß der Ausfluß aus dem Wassertropfer beidemal in gleicher Weise erfolge.

Aus (6) folgt:

$$a_{iw} = - \frac{C}{\tau_{iw}} \cdot \lg \frac{V_{iw}}{V_0''}, \ldots \quad (6')$$

wenn $V_{iw}$ und $\tau_{iw}$ zusammengehörige Werte sind und $V_0$ die Anfangsspannung bedeutet.

Wegen $a_{iw} = a_i + a_w$ hat man

$$a_w = a_{iw} - a_i \ldots \ldots \quad (7)$$

$a_{iw}$ und $a_i$ sind durch besondere Versuche leicht zu bestimmen.

**e)** Setzt man diesen Wert von $a_w$ in (3) ein, so folgt:

$$C \cdot dV = (a_{iw} - a_i) V_0 d\tau - a_{iw} \cdot V \cdot d\tau$$

$$= a_{iw} (V_0 - V) d\tau - a_i V_0 \cdot d\tau$$

$$C \cdot \frac{dV}{d\tau} = a_{iw} (V_0 - V) - a_i \cdot V_0.$$

Im Endzustand wird, da $V$ sich nicht mehr ändert, $\frac{dV}{d\tau} = 0$ und $V_\infty$ der beobachtete Wert der Spannung, also

$$0 = a_{iw} (V_0 - V_\infty) - a_i \cdot V_0$$

$$V_0 = \frac{a_{iw}}{a_{iw} - a_i} \cdot V_\infty = V_\infty + \frac{a_i}{a_{iw} - a_i} \cdot V_\infty \ldots \ldots \ldots \quad (8)$$

$$V_0 = \beta \cdot V_\infty, \quad \text{wenn} \quad \beta = \frac{a_{iw}}{a_{iw} - a_i}.$$

Nach (6') und (5) ist

$$\beta = \frac{-a_{iw}}{-a_{iw} + a_i} = \frac{\dfrac{1}{\tau_{iw}} \cdot \lg \dfrac{V_{iw}}{V_0''}}{\dfrac{1}{\tau_{iw}} \cdot \lg \dfrac{V_{iw}}{V_0''} - \dfrac{1}{\tau_i} \cdot \lg \dfrac{V_i}{V_0'}}$$

oder

$$\beta = \frac{\dfrac{1}{\tau_{iw}}\left(\log V_{iw} - \log V_0{}''\right)}{\dfrac{1}{\tau_{iw}}\left(\log V_{iw} - \log V_0{}''\right) - \dfrac{1}{\tau_i}\left(\log V_i - \log V_0{}'\right)} \quad \ldots \ldots \ldots \ldots \quad (9)$$

**f)** Durchführung der besonderen Versuche zur Ermittlung von $a_i$, $a_{iw}$ und damit von $\beta$.

**A.** Bestimmung von $a_i$ (Isolationsverlust allein, also bei abgestelltem Wassertropfer und geerdeter Modelloberfläche und **UPl**).
Nach Gleichung (5), S. 45, ist

$$a_i = -\frac{C}{\tau_i} \cdot \lg \frac{V_i}{V_0{}'} = -\frac{C}{M \cdot \tau_i} \log \frac{V_i}{V_0{}'}, \quad \text{wo} \quad \frac{1}{M} = 2.30259.$$

Da in dem Ausdruck für $\beta$ Gleichung (9) im Zähler und Nenner der Festwert $\dfrac{C}{M}$ sich weggehoben hat, braucht bloß $\dfrac{1}{\tau_i}\log\dfrac{V_i}{V_0{}'}$ ermittelt zu werden. Eine weitere Erleichterung der Rechenarbeit wird noch geboten durch den sehr nahe linearen Zusammenhang der Ablesung **S** am Ebertelektrometer und der zugehörigen Spannung. Man kann, wie die unten folgende Zusammenstellung von Versuchsergebnissen in Tabelle 15 zeigt, mit vollständig ausreichender Genauigkeit setzen:

$$\frac{V_i}{V_0{}'} = \frac{S_i}{S_0{}'}.$$

Die Durchführung des Versuchs geschah in folgender Weise:
1. Erden von Modell und **UPl**.
2. Ablesen des Nullpunkts am geerdeten Ebertelektrometer.
3. Aufladen des Systems **WT + E** auf eine beliebige höhere Spannung.
4. Abschalten der Aufladungsleitung. Darauf 2 Ablesungen im Zeitabstand von genau 3 oder 5 Minuten.
5. Umschalten des Elektrometers. Gegebenenfalls nochmaliges Aufladen auf eine beliebige höhere Spannung.
6. 2 Ablesungen wie unter 4.
7. Erden des Systems und Bestimmung des Nullpunkts.
8. Aus den beiden mit dem ersten und zweiten Quadrantenpaar erhaltenen Werten wurde das Mittel genommen.

Die Ablesungen unter 4. und 6. wurden nicht auf den, aus 2. und 7. bestimmten mittleren Nullpunkt bezogen, sondern auf einen Wert $S_{00}$, welcher einer weiter unten noch zu erörternden „Restspannung" entsprach (s. unter **g**).

**B.** Bestimmung von $a_{iw}$ (Isolationsverlust + Verlust an Ladung bei laufendem Wassertropfer).
Nach Erdung von Modelloberfläche und **UPl** und bei laufendem Wassertropfer wurde eine beliebig hohe, gewöhnlich der oberen Grenze des ablesbaren Spannungsbereichs des Elektrometers nahe Spannung an das System **WT + E** angelegt und nach Beruhigung der Nadel abgelesen ($S_0{}''$). Sodann wurde die Spannungsquelle plötzlich abgeschaltet. Nach genau 1 $^{min}$ war die anfänglich beschleunigte Bewegung der Nadel bereits so verlangsamt, daß eine erste Ablesung erfolgen konnte, ohne einen Fehler infolge von Massenbeschleunigung befürchten zu müssen. Zur Kontrolle wurde dann noch ein oder zweimal in Zeitabständen von genau 15 $^s$ oder 20 $^s$ abgelesen.
Zur Zeit $\tau = 5\,^{min}$ oder 6 $^{min}$ konnte der Endzustand der Entladung als erreicht angesehen werden ($S_0$).
Nun wurde auf das II. Quadrantenpaar umgeschaltet und in gleicher Weise wie beim I. Quadrantenpaar vorgegangen und abgelesen.

48

Aus den beiden Endablesungen $S_0$ und $S_0'$ im I. und II. Quadrantenpaar ergab sich der für die vorangegangene Reihe von Ablesungen maßgebende Nullpunkt (**NP$^\text{I}$**).

Bei einer Reihe von Messungen, besonders bei den ersten Versuchen, wurde zuerst das II. Quadrantenpaar aufgeladen und der Versuch wie vorstehend beschrieben durchgeführt, also zum Schluß, nach Erreichung der unveränderlichen „Restspannung", auf das I. Quadrantenpaar umgeschaltet und abermals der Nullpunkt wie oben bestimmt (**NP$^\text{II}$**). Dabei zeigte sich stets ein Unterschied von etwa 1 Skalenteil (10 Doppelmillimeter) zwischen **NP$^\text{I}$** und **NP$^\text{II}$**. Dieser Unterschied ist der elastischen Trägheit des Aufhängedrahtes der Elektrometernadel zuzuschreiben.

**C. Werte von $\beta$.**

Um die Größenordnung von $\beta-1$, d. h. der an $V_\infty$ in Berücksichtigung der Isolationsverluste anzubringenden positiven Verbesserung, zu zeigen, sind nachstehend einige Werte von $\beta$ zusammengestellt, und zwar sind die $\beta$ einmal berechnet aus den unmittelbar beobachteten Elektrometerablesungen $S$, das andere Mal aus den ihnen entsprechenden Spannungen $V$.

**Zahlentafel 15.**
**Werte von $\beta$.**

| $\beta$, berechnet mittels $S$ . . | 1.016 | 1.013 | 1.004 | 1.006 | 1.007 | 1.005 |
|---|---|---|---|---|---|---|
| „ „ „ $V$ . . | 1.014 | 1.012 | 1.004 | 1.006 | 1.008 | 1.005 |

| $\beta$, berechnet mittels $S$ . . | 1.009 | 1.020 | 1.005 | 1.010 | usw. | |
|---|---|---|---|---|---|---|
| „ „ „ $V$ . . | 1.009 | 1.020 | 1.006 | 1.010 | | |

Die Schwankungen von $\beta$ sind wohl den Schwankungen im Zustand der Luft im Versuchsraum zuzuschreiben, insbesondere den Schwankungen der Luftfeuchtigkeit, infolge deren die Isolationsverluste sich ändern.

$\beta-1$ überschreitet bei trockener Luft selten den Wert von ½%, könnte also, zumal in Fällen mit ziemlich unsicheren Grundlagen hinsichtlich der Bodentemperatur, vernachlässigt werden. Angesichts der geringen Mühe, die seine Bestimmung verursacht, empfiehlt es sich doch, die dazu erforderlichen Nebenversuche nicht zu unterlassen, um vom Isolationszustand des Wassertropfers samt Zubehör jederzeit unterrichtet zu sein.

**II. „Restspannung" $V_{00}$.**

Bei allen Entladungsversuchen (siehe unter f. B.), bei welchen Modelloberfläche und **UPl** geerdet waren, sank die Spannung bis auf einen Endwert $V_{00}$, mit „Restspannung" bezeichnet, herab, welcher im Mittel einer großen Zahl von Messungen $V_{00} = 1.23$ Volt betrug.

Bei den Gotthardversuchen wurde gelegentlich der Isolationsversuche zur Bestimmung von $\beta$ an jeder Meßstation (ganze bzw. halbe Kilometer) jedesmal außer der Feldspannung die „Restspannung" $V_{00}$ ermittelt, indem die Modelloberfläche und die **UPl** geerdet wurde, wodurch die eigentlichen (Feldspannungs-) Messungen nur für wenige Minuten unterbrochen wurden. Als Mittel aus sämtlichen zahlreichen Messungen an beiden Modellen (Simplon und Gotthard) ergab sich $V_{00}$ (Mittel) $= 1.23$ Volt, wie oben angeführt.

Die Beantwortung der Frage, auf welche Ursachen das Auftreten dieser „Restspannung" zurückzuführen ist, muß ich den Fachphysikern überlassen. Ich kann nur vermuten, daß sie durch die aus der Düse des Wassertropfers herabfallenden, auf der Unteren Platte aufschlagenden Wassertröpfchen (Lenard-Effekt) unter gleichzeitiger elastischer Nachwirkung entsteht.

Die „Restspannung" wurde in der Weise berücksichtigt, daß auf ihr Niveau die zugehörigen mit dem Ebertelektrometer gemessenen Spannungen bezogen wurden.

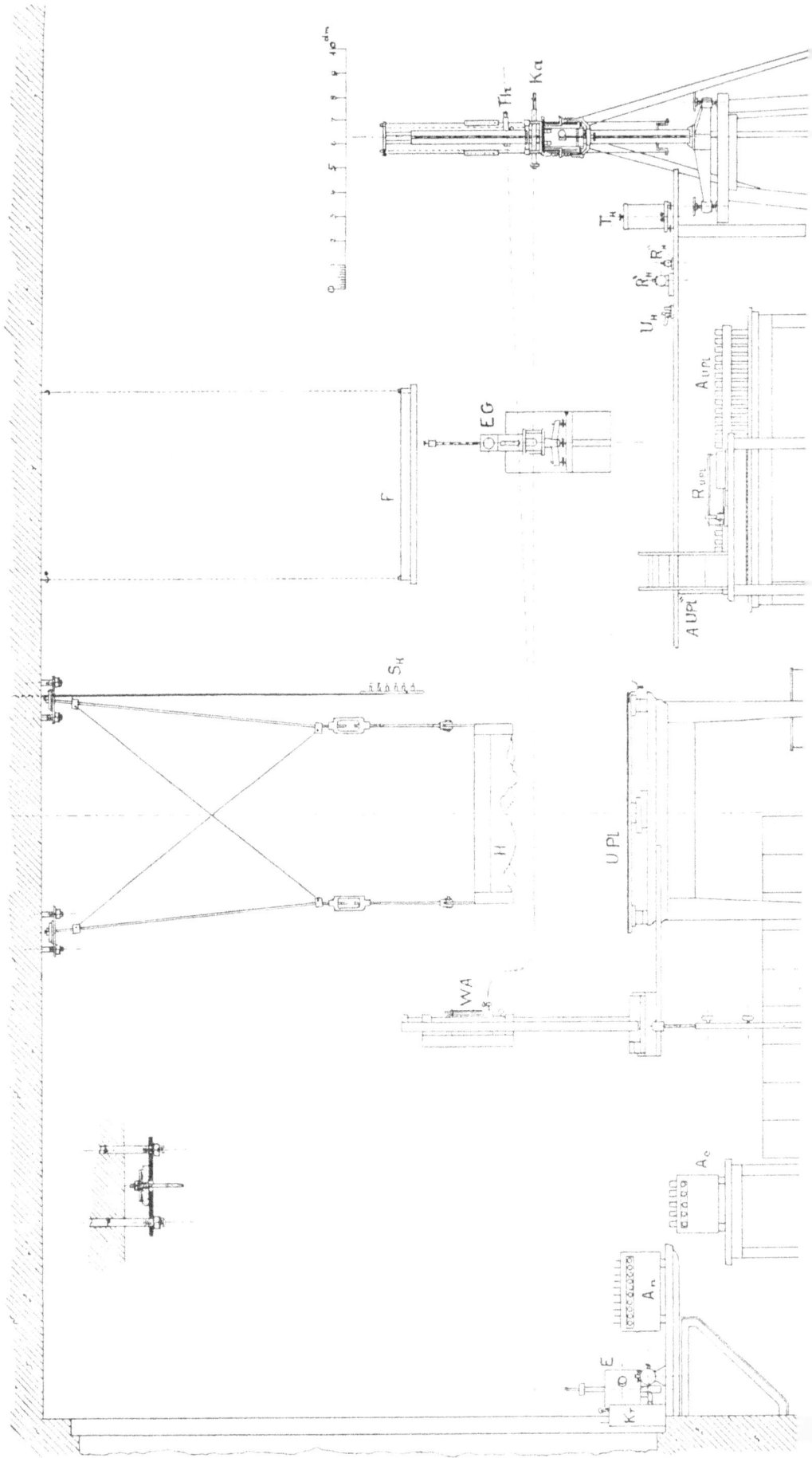

Ka
T_H
T_H
R_H R_a
U_H
A_UPL
A_UPL
R_UPL
A_UPL'
EG
F
S_H
H
U PL
WA
A_c
A_n
E
K_r

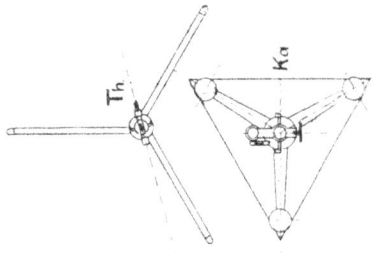

$T_h$

$K_a$

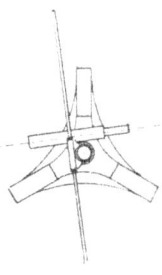

$T_H$

$R_K''$

$U_H$

$A_{UPL}$

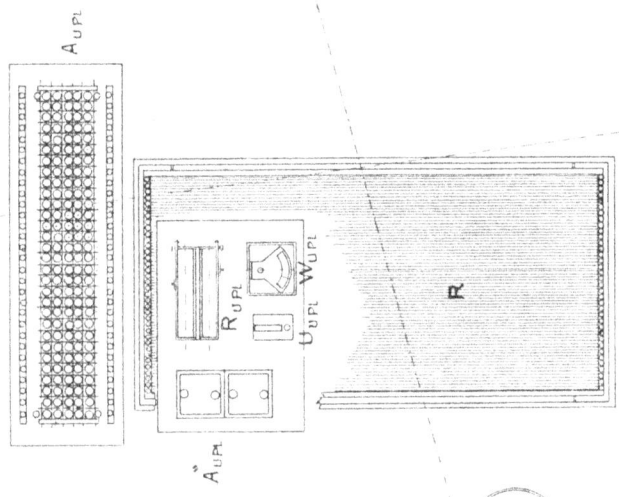

$R_{UPL}$  $W_{UPL}$

$U_{UPL}$

$A_{UPL}''$

$R$

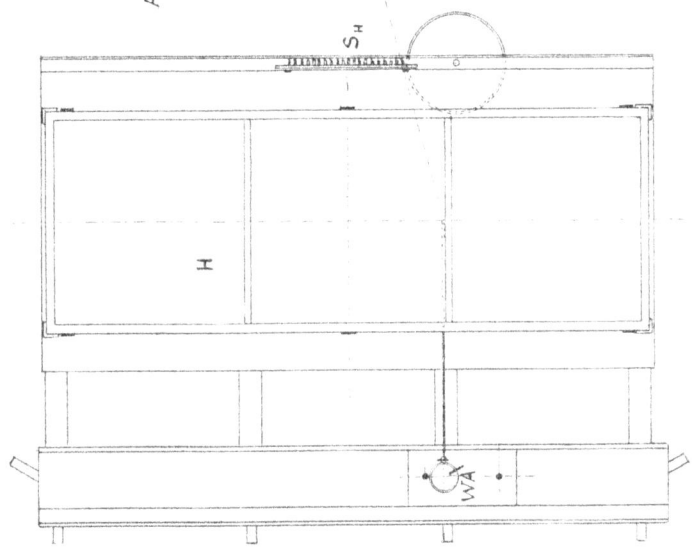

$S_H$

$H$

$W_A$

$A_H$

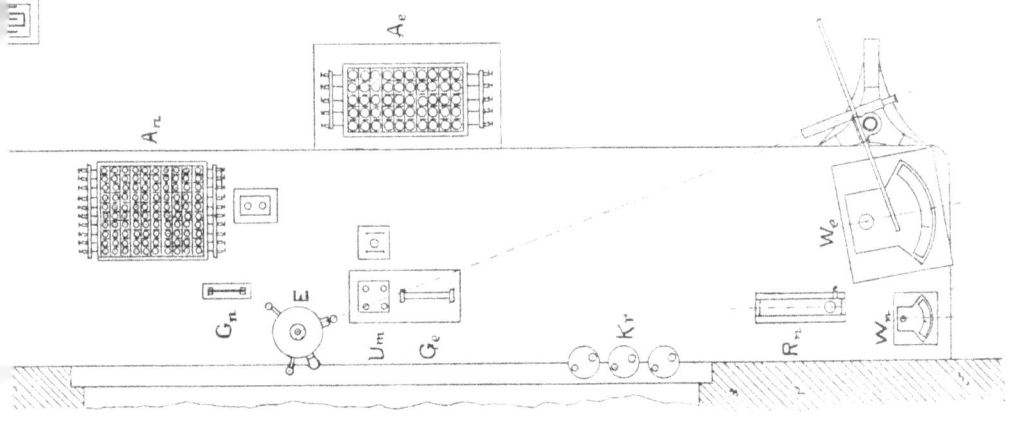

$A_e$

$A_n$

$G_n$

$E$

$U_m$  $G_e$

$K_r$

$R_n$

$W_e$

$W_n$

Ing. Pressel

# Simplon.

## Experimentelle Voraus...
### nach ei...

Maßstab 1:75000.

im Tunnel beobachtete Gesteintemperatur

Schweiz

55,4°

Gantertal

Geoisothermen in der Lotebene durch die Tunnelachse

Oberflächentemperatur über d. Tunnel

60 °C

50°

40°

30°

20°

10°

0°

m
3000

2000

1000

Meereshöhe    0

−1000

−2000

−3000

Untere Platte −6000m

−50°

20°

100°

150°

10°

Rhone-Tal

Portal (Brig 686 m über Meeresspiegel)

Brigerberg

N 0

km   −1    N 0    1    2    3    4    5    6    7    8

Juna

Trias

Alluvium

Kalkschiefer

Granatführende Schiefer, Hornfels

Zoisitschiefer

Clintonitschiefer

Marmor, Dolomit, Kalk, Rauchwacke

Gips u. Anhydrit

Geologischer La...

Beobachtete Ges...

Q. Que...

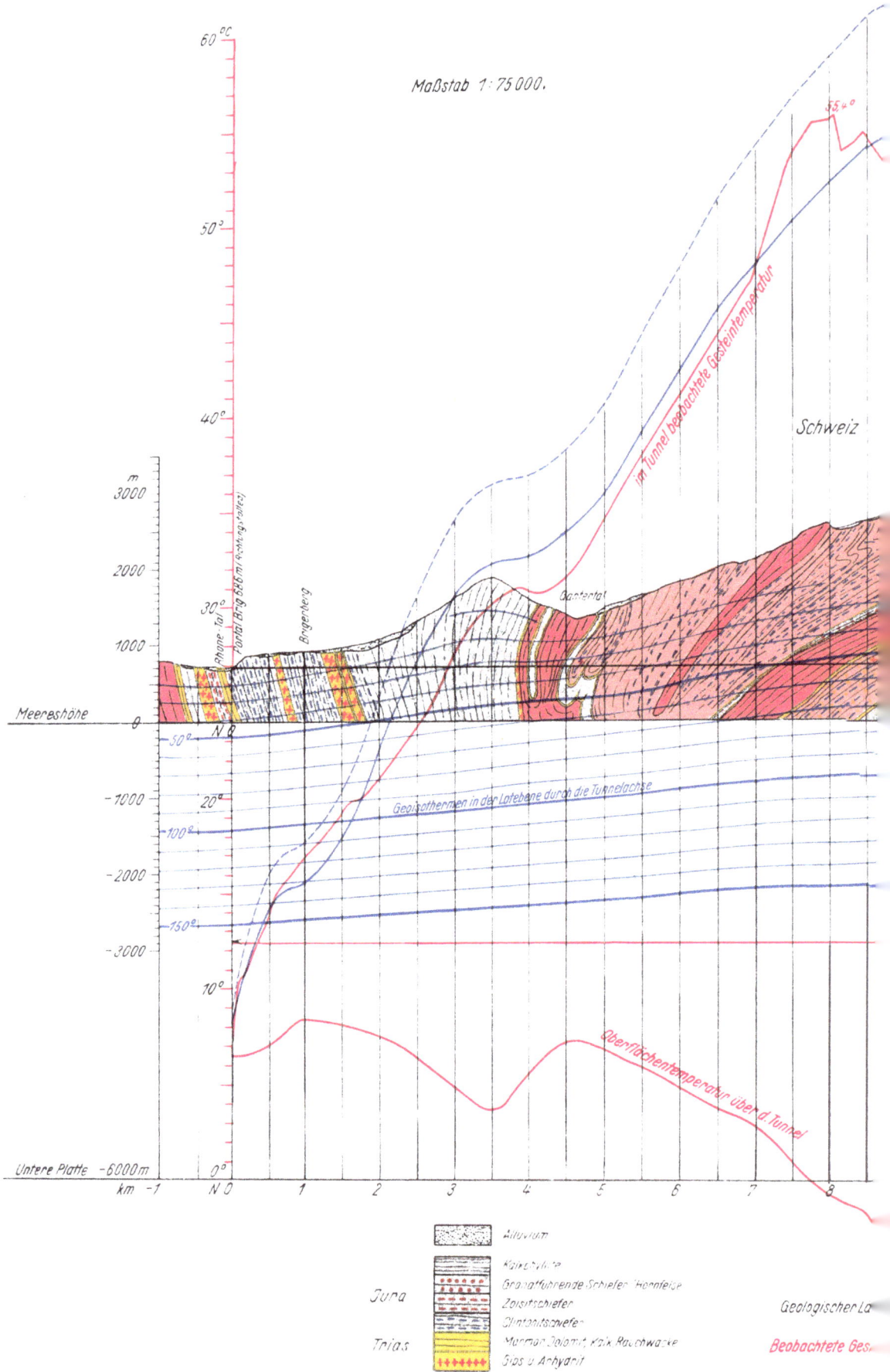

Pressel, Vorausbestimmung der Gesteintemperatur.

60°C

50°

10% = Gemessene Spannung

aus d. Spannung abgeleitete Temperatur des Gesteins im Tunnel

40°

m
3000

Lago d'Avino

2000

Vallé

Bugliaga

30°

2000

1000

20°

1000

Portal Iselle 634 m (Richtungsstollen)
Diveria-Tal

Meereshöhe

0° 50°C

Kalte Quellen 1900-1000 l/s
18 - 14°C

100°

20°

-1000

150°

-2000

-3000

10°

-6000m Untere Platte

0°

8    7    6    5    4    3    2    1    S 0    -1 km

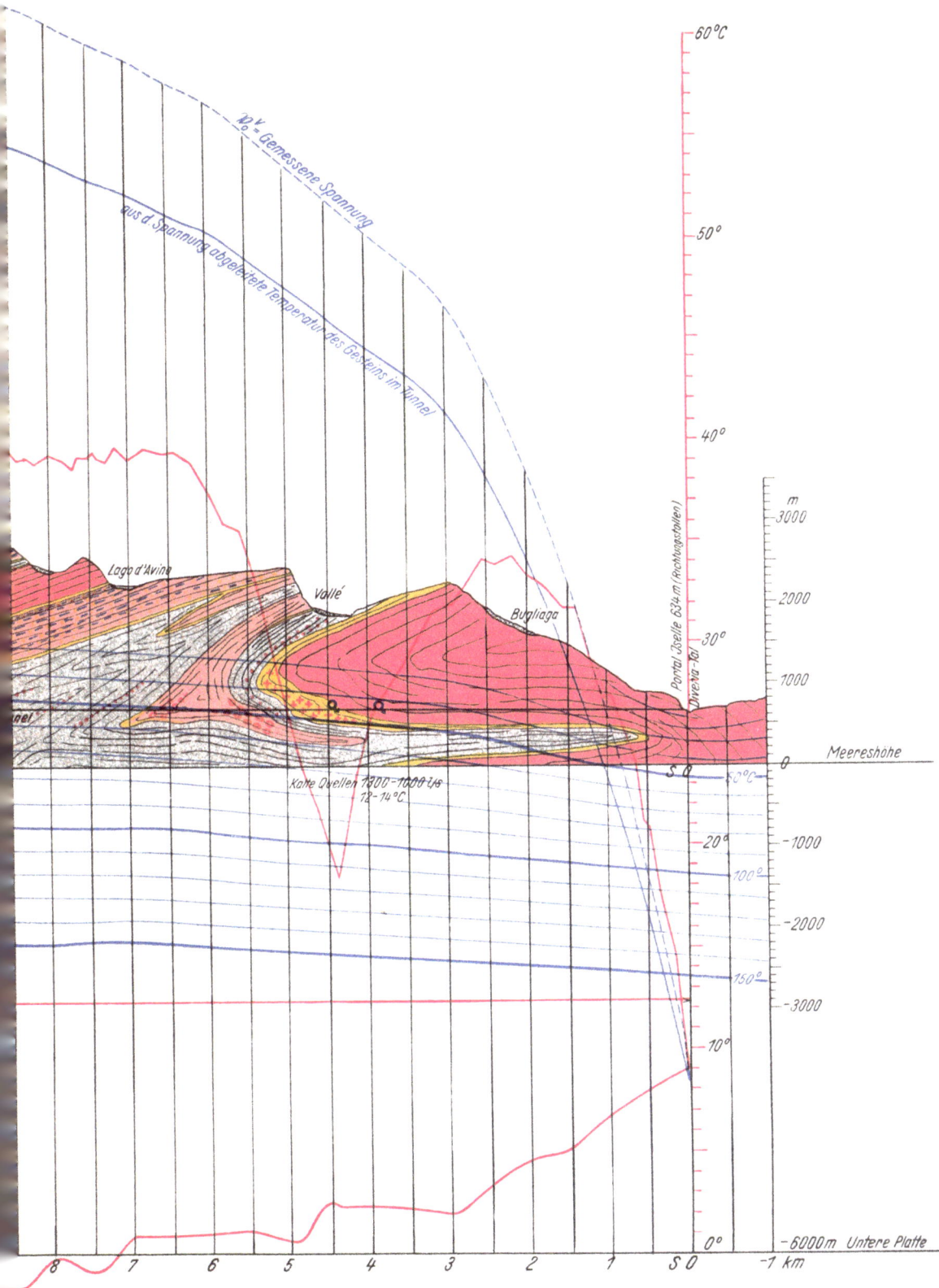

Sericitische Gneisse
Granatführende, sericitische Glimmerschiefer
Hornblendeschiefer
Granat- u. Hornblende führende Gneisse
Dünnbankige, sericitische, zweiglimmrige Gneisse
Conglomerate (?)
Dickbankige, zweiglimmrige Gneisse

H. Preiswerk

G. Niethammer

Joh. Pressel

Verlag R. Oldenbourg, München u. Berlin.

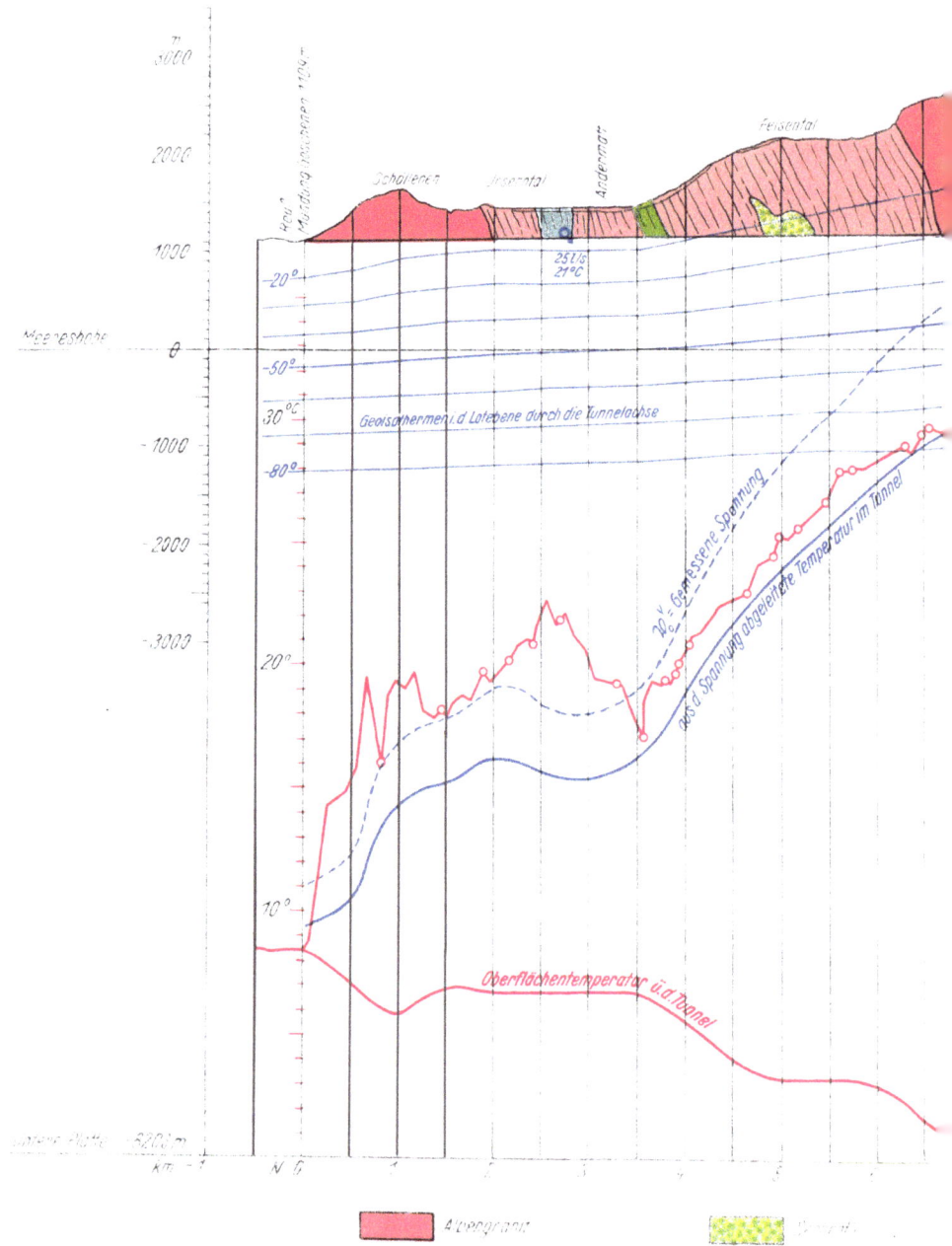

3000

2000

1000

Schöllenen   Urserental   Andermatt   Feisental

Mündung paulanen 1100 m

25 l/s
21°C

−20°

Meereshöhe   0

−50°

−30 °C

Geoisothermen i. d. Lotebene durch die Tunnelachse

−80°

−1000

−2000

−3000

20°

aus d. Spannung abgeleitete Temperatur im Tunnel

gemessene Spannung

10°

Oberflächentemperatur ü. d. Tunnel

untere Platte   −3200 m

km −1   N G

Alpengranit

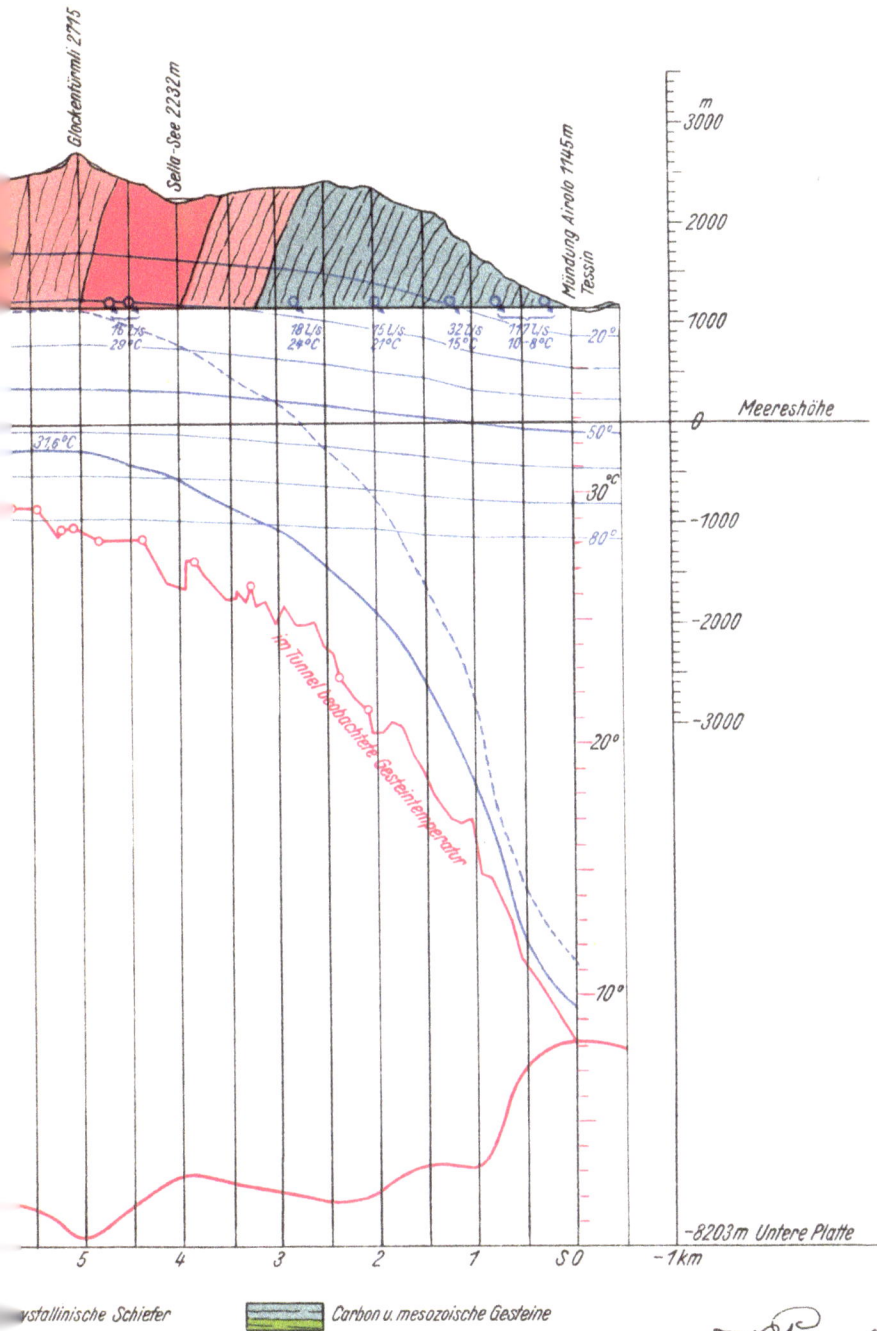

Glockentürmli 2745

Sella-See 2232 m

Mündung Airolo 1145 m
Tessin

m
3000

2000

1000

16 L/s
29°C

18 L/s
24°C

15 L/s
21°C

32 L/s
15°C

117 L/s
10—8°C

20°

0    Meereshöhe

50°

30°

31,6°C

80°

—1000

—2000

im Tunnel beobachtete Gesteintemperatur

—3000

20°

10°

5    4    3    2    1    S 0    —1km

—8203 m Untere Platte

vstallinische Schiefer          Carbon u. mesozoische Gesteine

Joh Pressel

Verlag R. Oldenbourg, München u. Berlin.

# Anhang.

## Kurvenmesser von Pressel und Riefler.

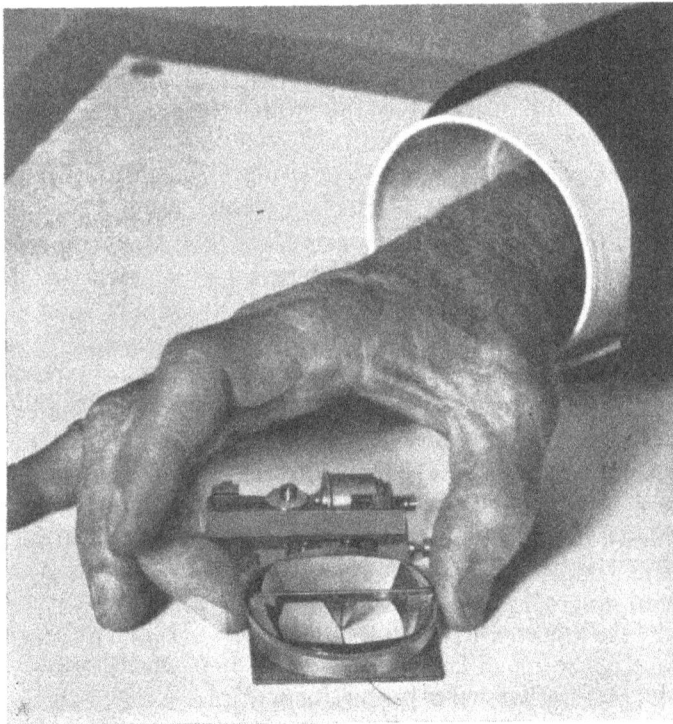

# Kurvenmesser von Pressel und Riefler.

Bei der Anwendung des Vorgangs von S. Finsterwalder zur Ermittlung des mittleren Böschungswinkels einer topographischen Fläche ist, wie auf S. 37ff. dargelegt, die Bestimmung der Längen von zahlreichen Schichtenlinien erforderlich. Zu diesem Zweck stehen verschiedene Instrumente zur Verfügung, wie z. B. das bekannte Meßrädchen, der Kurvenmesser von Finsterwalder und das „Kartometer" von Fleischhauer.

Das einfachste unter diesen Instrumenten, das Meßrädchen, reicht für hohe Ansprüche an die Genauigkeit nicht aus. Es leidet an dem Übelstand, daß das längs der Kurve abrollende Rädchen die jeweilig in Betracht kommende Stelle der Kurve verdeckt, daß die Einstellung des Rädchens in die Richtung der die Kurve Berührenden nicht genügend sicher erfolgen kann, und daß man das Instrument in seiner gewöhnlichen Form während der ganzen Dauer der Ausmessung einer Strecke ohne Unterbrechung in unbequemer Stellung in der Hand halten und führen muß.

Der theoretisch vollkommenste unter den genannten Kurvenmessern ist jener von Finsterwalder. Er teilt mit dem Fleischhauerschen Kartometer den Vorzug, daß die Meßstelle freier zu überblicken ist. Der Bau des Instruments ist etwas verwickelt, der Raumbedarf nicht klein.

Das „Patentkartometer" von Fleischhauer ist aus einer großen Zahl von Teilen zusammengesetzt und gewährt nur bei größerer Rollenzahl und wiederholter Ausmessung in verschiedenen Lagen eine, höheren Anforderungen entsprechende Genauigkeit. Das Ergebnis ist theoretisch nur ein genähertes. Überdies erheischt die Benutzung des Instruments Ablesungen an einer Reihe von Rollen und, wenn auch einfache, Rechenvorgänge mit diesen Ablesungen. Es ist also recht umständlich.

Die berührten verschiedenartigen Mängel empfindet man besonders stark, wenn es sich um Ausmessung sehr zahlreicher und langer Kurven mit vielen Wendungen handelt wie im oben erwähnten Fall. Es lag daher das Verlangen nahe nach einem vollkommeneren, handsameren, einfachen und dabei genauen Instrument. Aus diesem Wunsch heraus ist der nachstehend beschriebene neue Kurvenmesser entstanden, der nach meinen Angaben von der bekannten „Fabrik mathematischer Instrumente von Clemens Riefler in Nesselwang und München" in ausgezeichneter Weise ausgeführt wurde.

Da nun schon die ersten von Riefler gelieferten Instrumente sehr günstige Ergebnisse aufgewiesen und sich in jeder Hinsicht, sowohl was Einfachheit des Baues, als auch Genauigkeit der Messung, geringen Raumbedarf und bequeme Handhabung betrifft, vortrefflich bewährt haben, so glaube ich die Fachgenossen auf dieses kleine, aber recht nützliche Instrumentchen hinweisen zu sollen, welches im Lauf meiner geothermischen Untersuchungen als Nebenerzeugnis aus dem Bedürfnis hervorgegangen ist. Ein in jeder Hinsicht befriedigender Kurvenmesser dürfte ja jedem Ingenieur, Geodäten oder Geographen und auch in Militärkreisen erwünscht sein.

## A. Beschreibung des Kurvenmessers.

(Hierzu Tafel A.)

Der messende Teil ist ein wie bei Planimetern gebautes Meßröllchen **R** (Abb. 1—7), das so weit von der Meßstelle angeordnet ist, daß diese Stelle und ein entsprechend weiter Bereich um dieselbe frei bleibt und bequem überblickt werden kann.

Die Einstellung des Instruments erfolgt mittels eines planparallelen Normalenspiegels **L**, welcher an der vorderen und hinteren Spiegelfläche eine Marke **X** trägt und in einem bogenquadratisch oder kreisförmig ausgeschnittenen Einstellring **E** gefaßt ist. Bei der Messung wird das Instrument bei nachgeschlepptem Röllchen so geführt, daß die Spiegelmarke **X** die Kurve durchläuft und dabei die Spiegelebene senkrecht zur Kurve steht. Diese senkrechte Stellung des Normalenspiegels zur Kurve erkennt man sehr leicht daran, daß das sichtbare Kurvenstück bis zum Spiegel und dessen Spiegelbild keinen Knick bilden, sondern im Übergangspunkt (Schnittpunkt von Spiegelebene und Kurve) eine gemeinsame Berührende haben.

Zur bequemen und sicheren Führung des Instruments ist der Einstellring **E** mit einem gerändelten Bund **B** versehen. Die Bögen des Ausschnitts im Einstellring sind so bemessen, daß der Bereich um die Spiegelmarke auch bei einseitigem Licht durch die reflektierende Wirkung der kegelförmigen Flächen gut beleuchtet werde. Um so wenig Schatten, als möglich, entstehen zu lassen, ist die Fläche des Normalenspiegels beschränkt auf das Dreieck **D**, welches an seiner unteren abgestumpften Spitze vorn und hinten die beiden Marken trägt.

Durch Anwendung eines Normalenspiegels wird die größte erreichbare Genauigkeit in der Führung des Instruments und damit auch in der Messung ermöglicht.

Will man auf diesen äußersten Grad der Genauigkeit verzichten zugunsten noch freierer Übersicht über die Meßstelle, als sie bei der oben beschriebenen Anordnung gewährt wird, so kann man den Normalenspiegel ersetzen durch eine ebene Glasplatte oder plankonvexe Linse, in welche an der unteren Fläche ein gerader Strich mit Punkt oder Querstrich in der Mitte eingeritzt ist. Man führt dann das Instrument so, daß der Punkt die Kurve durchläuft und dabei der gerade Strich die Kurve stets berührt.

Der Einstellring trägt unten eine Platte **P** mit 2 senkrecht zum Normalenspiegel (bzw., bei Anordnung einer Glasplatte oder Linse, parallel zum geraden Strich) gerichteten geraden Führungskanten **p—p**, um bei geraden Strecken ein Lineal benützen zu können.

Einstellring **E** und Röllchenträger **T** sind durch Spitzenschrauben $S_1$ gelenkig verbunden, damit das Röllchen stets auf seiner Unterlage aufliege und darauf einen gleichbleibenden Druck ausübe. Außer als Gelenkteile dienen die Spitzenschrauben auch noch zur Berichtigung des Kurvenmessers in dem Sinn, daß die Laufkreisebene des Röllchens durch die Spiegelmarke hindurchgehe. Diese Bedingung muß erfüllt sein, damit beim Durchlaufen einer Strecke im einen wie im andern Bewegungssinn bei stets nachgeschlepptem Röllchen, was zu empfehlen ist, gleiche Messungsergebnisse erhalten werden sollen, so daß dann eine einzige Messung genügt zur Ermittlung der gesuchten Streckenlänge. Anderen Falles, bei Unterlassung dieser Berichtigung, hat man in beiden Sinnen die Strecke zu messen und das arithmetische Mittel der beiden Ergebnisse zu nehmen.

Um die besprochene Berichtigung durchführen zu können, werden zu beiden Seiten des Einstellringes an diesen zwei vollkommen gleiche Arme **H** angeschraubt, welche mit je 2 Bohrungen $G_1$ und $G$ (Tafel A Abb. 6 u. 7) versehen sind. In die Bohrungen, deren Mittelpunkte genau 100.0 mm bzw. 50.0 mm von der Spiegelmarke abstehen und durch passende Befestigung der Arme **H** am Einstellring in die vordere, vom Röllchen abgewandte Spiegelebene eingestellt werden, können mit Spitzen **Sp** versehene Schrauben

4*

eingeschraubt werden. Auf diese Weise ist man imstande, den Kurvenmesser zwang-
läufig in Kreisen von 200.0 mm oder 100.0 mm Durchmesser rechts- oder linksläufig
zu führen. Man verstellt dann die Spitzenschrauben $S_1$ so lang, bis beim Beschreiben
des Kreises von z. B. 200.0 mm Durchmesser im einen wie im anderen Sinne sich gleiche
Ablesungsunterschiede ergeben.

Ist die Röllchenachse gleichlaufend mit der Spiegelebene montiert, steht also
die Laufkreisebene genau senkrecht zur Spiegelebene, so sollte beim Messen einer Geraden eine Umdrehung des Röllchens genau einer Strecke von 50.0 mm entsprechen.
Ist der Röllchendurchmesser etwas zu klein ausgefallen, so daß auf 50.0 mm durchfahre-
ner Strecke mehr als eine Umdrehung kommt und die Angabe des Kurvenmessers zu
groß wird, so kann eine Berichtigung dadurch erfolgen, daß man die Laufkreisebene
um die Spiegelmarke im wagrechten Sinn um einen entsprechenden Winkel dreht.
Zu diesem Behuf sind die Spitzenschrauben $S_1$ in ein Stück eingelassen, das nach
Lüftung der Schrauben, welche es mit der Grundplatte verbinden, um die Marke als
Mittelpunkt gedreht werden kann. Nach einigen Versuchsmessungen an einer genau
bekannten Strecke wird leicht diejenige Stellung des Röllchenträgers ermittelt, bei
welcher die Anzahl abgewälzter Einheiten der Röllchenteilung mit der Anzahl halber
Millimeter der gemessenen Strecke übereinstimmt.

## B. Theorie des Kurvenmessers.

Es sei unter allen Umständen vorausgesetzt:

**1.** daß die Achse des Meßröllchens durch den Mittelpunkt des Laufkreises gehe
und auf der Laufkreisebene senkrecht stehe,

**2.** daß die Laufkreisebene senkrecht stehe zur Grundplatte, also auch zur Kurvenebene,

**3.** daß das Meßröllchen, ohne zu gleiten, abrolle auf der Kurvenebene bei Bewegungen senkrecht zur Röllchenachse, daß hingegen keine Drehung des Röllchens erfolge bei Verschiebungen gleichlaufend mit der Röllchenachse; endlich

**4.** daß der Spiegel vollkommen planparallel geschliffen sei und daß dessen Ebene
senkrecht stehe zur Grundplatte.

Gerade die wichtigsten dieser Voraussetzungen, die 1., 3. und 4., lassen sich sehr
vollkommen erfüllen. Abweichungen von der 2. Bedingung sind zwar nicht von Belang;
man wird sie aber zu vermeiden trachten und auch leicht vermeiden oder wenigstens
auf ein belanglos geringes Maß beschränken können.

I. Der Zweck des Instrumentes würde am einfachsten, d. h. ohne jede Einrichtung
zur Berichtigung, erreicht, wenn außer obigen Bedingungen noch die 2 folgenden erfüllt werden könnten:

**5.** daß der Umfang des Röllchens genau die gewollte Größe (bei der vorliegenden
Ausführung 50.0 mm) hat und

**6.** daß die Laufkreisebene durch die Spiegelmarke gehe und senkrecht stehe zur
Spiegelebene.

Bedeutet in Abb. 8 $S_1 0$ die Spur der vorderen Spiegelebene, $M_1$ die Spiegelmarke,
$C_1$ den Berührungspunkt von Röllchenumfang und Kurvenebene, endlich $C_1 M_1$ die
Spur der Laufkreisebene, so soll also nach 6. sein

$$\sphericalangle S_1 M_1 C_1 = \frac{\pi}{2}.$$

Dann ergibt sich der einfache Zusammenhang zwischen dem am Röllchen abgewälzten und abgelesenen Bogen und der von der Spiegelmarke zurückgelegten Strecke,
wie folgt.

Der Spiegel sei in die Anfangslage $S_I$ (Abb. 8) normal zur Kurve gebracht, so daß
die Spiegelmarke z. B. der vorderen, vom Röllchen abgewandten Spiegelebene mit
dem Schnittpunkt $M_1$ dieser Ebene und
der Kurve zusammenfällt. Die Spur der
Laufkreisebene des Röllchens deckt sich
dann gemäß Voraussetzung 6. mit der
Berührenden $M_1 C_1$ an die Kurve. Nun
werde der Spiegel, immer in normaler
Richtung zur Kurve und mit der Marke
in der Kurve laufend, verschoben um die
unendlich kleine Strecke $M_1 M_2$, so daß
er die Lage $S_{III}$ einnimmt. Die Röllchenachse kommt dabei aus der Lage I in
die Lage III, der Berührungspunkt $C_1$
von Laufkreis und Unterlage nach $C_3$.
Die Bewegung des Kurvenmessers kann
zerlegt gedacht werden in zwei nicht
gleichzeitig, sondern hintereinander folgende Bewegungen: a) in eine geradlinige

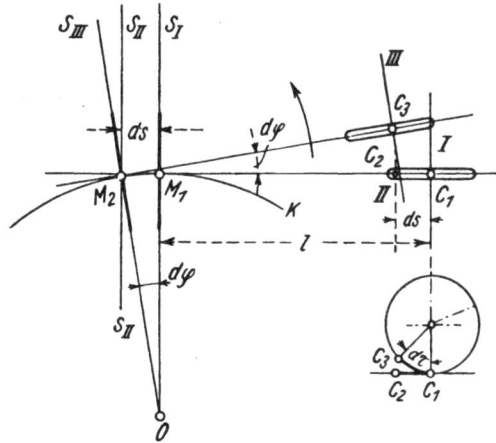

Abb. A 8.

Verschiebung um die Strecke $M_1 M_2 = C_1 C_2 = ds$ und b) in eine Drehung um den
Punkt $M_2$ im Betrag des Kontingenzwinkels $d\varphi$.

Bei der Bewegung a) dreht sich das Röllchen um einen Winkel $d\tau$: vom Umfang
wälzt sich ab der Bogen $C_1 C_2 = r_0 \cdot d\tau = ds$. Dieser Bogen wird unmittelbar an der
Teilung des Röllchens abgelesen.

Bei der Bewegung b), der Drehung des Kurvenmessers um den Punkt $M_2$, wobei
C von $C_2$ nach $C_3$ gelangt, erfolgt keine Drehung des Röllchens.

Der an der Röllchenteilung abgelesene Bogen gibt also unmittelbar die von der
Marke durchfahrene Strecke.

Was für den unendlich kleinen Bogen $ds$ gilt, gilt streng auch für endliche Strecken.
Man erhält sie in Einheiten von 0.5 mm. Mit Hilfe des Nonius können noch 0.05 mm
abgelesen werden.

Es ist noch zu bemerken, daß der vorstehend dargelegte einfache Zusammenhang
zwischen Röllchendrehung und Meßstrecke unabhängig ist von der Größe l, nämlich
der Entfernung zwischen Röllchenachse und Spiegelebene. Man kann also theoretisch
das Röllchen beliebig weit vom Spiegel abrücken. Selbstverständlich wird man bei
der Wahl von l innerhalb derjenigen Grenzen bleiben, welche geboten sind durch die
Forderung der Handlichkeit des Instruments.

II. Bei der Ausführung des Instruments werden Abweichungen von den idealen
Bedingungen, wie sie das unter I vorausgesetzte Instrument erfüllen müßte, unvermeidlich sein. Es sollen also jetzt die beiden Bedingungen 5 und 6 fallen gelassen und
es soll angenommen werden:

**5a)** daß der Umfang des Röllchens $2 r \pi +50.0$ mm und

**6a)** daß die Laufkreisebene $C_1 N$ (Abb. 9) nicht durch die Marke $M_1$, sondern durch
den Punkt $N$ gehe und mit der vorderen Spiegelebene $S_1 O''$ nicht wie in Ib) einen

rechten Winkel, sondern den $\sphericalangle S_1 N C_1 = \beta + \frac{\pi}{2}$ einschließe oder, was dasselbe bedeutet,

daß die Röllchenachse $I C_1$ mit der in $M_1$ errichteten Spiegelnormalen den $\sphericalangle \beta + \frac{\pi}{2}$ bilde.

Der $\sphericalangle$ zwischen der Laufkreisebene und der Spiegelnormalen, welche gemäß gleicher Voraussetzung wie unter I mit der Berührenden an die Kurve zusammenfällt, heiße $\alpha$. Es ist $\alpha = \frac{\pi}{2} - \beta$. **O′** sei der Krümmungsmittelpunkt der Kurve **K′**.

Führt man den Spiegel stets in normaler Lage zur Kurve **K′** aus der Lage **S$_\mathrm{I}$** in die Lage **S$_\mathrm{III}$′**, so erfolgt dabei wie im Falle I eine Drehung des ganzen Kurvenmessers im Betrag $d\varphi$ um den Krümmungsmittelpunkt **O′**. Der Fußpunkt **m′**, des Lotes von **O′** auf die Laufkreisebene beschreibt dabei den Bogen

$$m_1' \, m_2' = d s' = O' m_1' \cdot d\varphi = O'N \cdot \cos\alpha \cdot d\varphi.$$

Die Drehung um **O′** ist nach der Abbildung eine Rechtsdrehung, bei welcher das Röllchen hinter dem Spiegel, wie es die Regel sein soll, nachgeschlepptt wird. Durch-

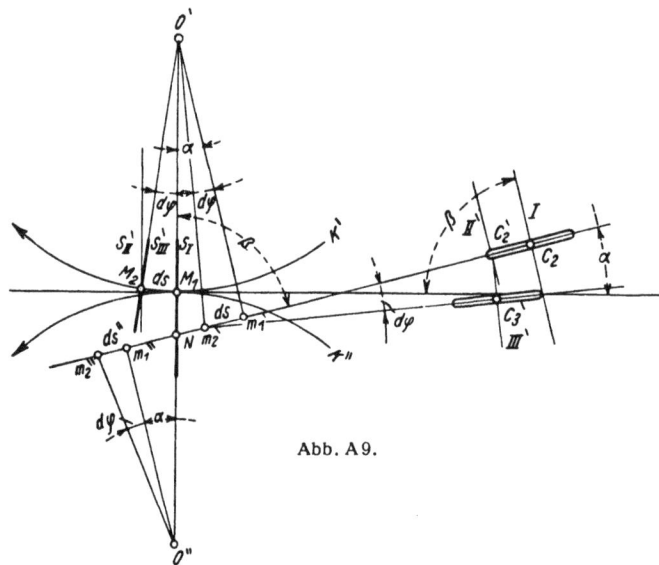

Abb. A 9.

fährt man die Kurve im entgegengesetzten Sinn, ebenfalls bei nachgeschlepptem Röllchen, so wird eine Linksdrehung ausgeführt. In der Zeichnung ist, des besseren Überblicks halber, zur Darstellung dieses Falles die Kurve um 180° nach **K″** gedreht, so daß der Krümmungsmittelpunkt nach **O″** zu liegen kommt; der Kurvenmesser dagegen ist in seiner ursprünglichen Lage gelassen.

Der Fußpunkt **m$_1$″** des Lotes von **O″** auf die Laufkreisebene beschreibt in diesem Fall den Weg

$$m_1'' \, m_2'' = d s'' = O'' m_1'' \cdot d\varphi = O''N \cdot \cos\alpha \cdot d\varphi.$$

Die Bewegung des Kurvenmessers kann wieder wie im Fall I zerlegt gedacht werden in eine geradlinige Verschiebung und in eine nachfolgende Drehung um den Betrag $\delta\varphi$. Zur Berechnung des Bogens, der am Röllchen abgewälzt wird, hat man bei Rechtsdrehung den Punkt **m$_2$′**, bei Linksdrehung den Punkt **m$_2$″** ins Auge zu fassen.

Bei Rechtsdrehung gelangt **C$_1$** durch geradlinige Verschiebung um den Betrag **m$_1$′ m$_2$′** $= ds'$ nach **C$_2$′** und durch Drehung um den Winkel $d\varphi$ nach **C$_3$′**. Ganz ähnlich gestalten sich die Verhältnisse bei Linksdrehung, die aber in der Zeichnung nicht weiter berücksichtigt ist.

Nun ist

$$O'N = O'M_1 + M_1 N \text{ und wegen } O'M_1 = O''M_1:$$
$$O''N = O''M_1 - M_1 N = O'M_1 - M_1 N.$$

Demnach wird für

Rechtsdrehung:
$$ds' = O'M_1 \cdot \cos \alpha \cdot d\varphi + M_1 N \cdot \cos \alpha \cdot d\varphi = ds \cdot \cos \alpha + M_1 N \cdot \cos \alpha \cdot d\varphi,$$

Linksdrehung:
$$ds'' = O'M_1 \cdot \cos \alpha \cdot d\varphi - M_1 N \cdot \cos \alpha \cdot d\varphi = ds \cdot \cos \alpha - M_1 N \cdot \cos \alpha \cdot d\varphi.$$

Soll die wichtigste Forderung erfüllt werden, nämlich, daß die Angaben des Kurvenmessers beim Messen eines Kurvenstückes, wobei das Röllchen hinter dem Spiegel nachgeschleppt wird, im einen wie im andern Sinn der Bewegung gleich groß ausfallen, so muß

7. $M_1 N = 0$ gemacht werden, d. h.: es muß die Laufkreisebene durch die Spiegelmarke gehen.

Dann wird
$$ds' = ds'' = ds \cdot \cos \alpha.$$

$ds' = ds''$ ist aber auch der Bogen $db$, um welchen sich das Röllchen dreht und der am Laufkreis abgewälzt wird.

Geht man auf endliche Strecken über, so hat man
$$s \cdot \cos \alpha = b.$$

Ist $e_0 = 0.5$ mm der Wert der Längeneinheit und $\sigma_0$ die Anzahl solcher Einheiten $e_0$, welche die Strecke $s$ ausmachen; ist ferner $e_1$ mm der Wert der Teilungseinheit des tatsächlich ausgeführten Röllchens, $r_1$ mm dessen Halbmesser, $\sigma_1$ die Anzahl der Einheiten $e_1$, welche auf den abgewälzten Bogen gehen, so hat man:
$$s^{mm} = \sigma_0 \cdot e_0{}^{mm}, \quad b = \sigma_1 \cdot e_1{}^{mm}, \text{ also } \sigma_0 \cdot e_0 \cdot \cos \alpha = \sigma_1 \cdot e_1.$$

Diese Beziehung gestattet, denjenigen Winkel $\alpha$ zu berechnen, für welchen die Anzahl Einheiten, welche am Röllchen abgelesen werden, gleich ist der Anzahl halber Millimeter, welche die Strecke $s$ lang ist. D. h. soll
$$\sigma_1 = \sigma_0$$
sein, so muß auch sein
$$e_0 \cdot \cos \alpha = e_1$$
und
$$\cos \alpha = \frac{e_1}{e_0} = \frac{r_1}{r_0} \qquad \ldots \ldots \ldots \ldots \ldots \quad (8)$$

$r_0$ ist dabei jener Halbmesser, welcher einem Umfang des Röllchens $= 100 \cdot e_0 = 50.0$ mm entsprechen würde.

Es muß demnach, da $\cos \alpha \leqq 1$ ist, der Röllchendurchmesser entweder genau $= \frac{50.0}{\pi} = 15.92$ mm oder so wenig als möglich, kleiner als dieser Betrag gemacht werden.

III. Auf den Beziehungen (7) und (8) beruhen die beiden Berichtigungsvorrichtungen am Kurvenmesser.

Zur Erfüllung der Bedingung (7), welche fordert, daß die Laufkreisebene durch die Spiegelmarke gehe, ist der ganze Röllchenträger in der Richtung der durch die Spitzen der beiden Schrauben $S_1$ (Abb. 1, 2, 3) gehenden Geraden verschiebbar. Durch zwangläufiges Rechts- und Linksumfahren von Kreisen mit gleich großem Halbmesser, deren Mittelpunkte in der vorderen Spiegelebene liegen, ermittelt man leicht diejenige Stellung des Röllchenträgers, bei welcher gleich große Unterschiede zwischen Anfangs- und Endablesung sich ergeben.

Zur Ermittlung des Winkels $\alpha$ nach (8) oder besser: zur Einstellung des Röllchens derart, daß die zu messende Strecke unmittelbar genau in Einheiten von 0.5 mm abgelesen werden kann, führt man den Kurvenmesser mittels einer der beiden Längskanten der Platte **P** entlang einem Lineal und dreht nötigenfalls den Röllchenträger um die Marke so lange, bis der Ablesungsunterschied am Röllchen übereinstimmt mit der, mittels eines genauen Maßstabes gemessenen Länge einer geraden Strecke.

Es empfiehlt sich, die Berichtigung (8) vor der Berichtigung (7) vorzunehmen.

### C. Untersuchung des Einflusses der Fehler in der Führung des Instruments auf die Messungsergebnisse.

Die Fehler beim Handhaben des vollkommen berichtigten Instruments können dreierlei sein:

1. Ungenaue Einstellung auf den Anfangs- und Endpunkt der zu messenden Strecke („Einstellfehler"),
2. Abweichungen der Marke von der Kurve normal zu derselben („Seitenfehler"),
3. Abweichungen der Spiegelrichtung von der Kurvennormalen („Richtungsfehler").

Zu 1. „Einstellfehler". Für den Anfangs- und den Endpunkt einer zu messenden Strecke dürfte der Einstellfehler mit freiem Auge die absolute Größe von $0.1\,^{mm}$ nicht überschreiten, so daß demnach bei einmaliger Messung der Fehler höchstens $0.2\,^{mm}$ betragen dürfte. Durch Anwendung einer Lupe, ferner durch Wiederholung der Messungen, namentlich bei Messung des Umfangs einer geschlossenen Kurve, läßt er sich jedenfalls noch erheblich unter dieser Grenze halten.

Zu 2. „Seitenfehler". Sei $\delta$ die fehlerhafte seitliche Abweichung der Marke von der Kurve an einer Stelle, gemessen senkrecht zur Kurve; sei ferner $\varrho$, bei Rechtsdrehung um eine Lotrechte zur Kurvenebene positiv genommen, der Krümmungshalbmesser der Kurve und $d\varphi$ das Bogenelement, über welches sich die seitliche Abweichung $\delta$ erstreckt. Dann ist der Fehler, den man bei Messung des Bogenstückes $\varrho \cdot d\varphi$ begeht

$$df_s = \varrho \cdot d\varphi - (\varrho + \delta) \cdot d\varphi = -\delta \cdot d\varphi.$$

Dabei hat $\delta$ dasselbe Vorzeichen wie der Krümmungshalbmesser, wenn es ihn vergrößert, das entgegengesetzte, wenn es ihn verkleinert, und $\varphi$ ist bei Rechtsdrehung positiv, bei Linksdrehung negativ zu nehmen.

Ist man bei Messung der Länge einer geschlossenen Kurve immer auf derselben Seite der Kurve um den Betrag $\delta$ abgewichen, hat man also statt der Kurve selbst ihre Äquidistante im Abstande $\delta$ durchlaufen, so ist der begangene Fehler

$$f_s = -\delta \int_0^{n \cdot 2\pi} d\varphi = -\delta \cdot n \cdot 2\pi,$$

worin **n** die algebraische Summe aller ganzen Umdrehungen bedeutet, die der Kurvenmesser um eine Lotrechte zur Kurvenebene gemacht hat.

Bei einem Kreis oder bei einer Ellipse von beliebiger Größe würde bei einer gleichbleibenden Abweichung $\delta = +0.1\,^{mm}$ der gesamte Seitenfehler

$$f_s = -0.1 \cdot 1 \cdot 2\pi = -0.628\,^{mm}$$

betragen, da hier **n** $= 1$ ist. Ist $\delta' = -0.1\,^{mm}$, liegt also die Äquidistante innerhalb der Kurve, so beträgt der Fehler

$$f_s' = +0.1 \cdot 1 \cdot 2\pi = +0.628^{mm}.$$

In Wirklichkeit sind die seitlichen Schwankungen teils positiv, teils negativ. Bei einiger Übung und Aufmerksamkeit wird der mittlere Seitenfehler leicht unter

0.1 mm zu bringen sein. Bei geraden Strecken, wo $\varphi = 0$, kommt er überhaupt nicht in Betracht.

Zu 3. „Richtungsfehler". Dieser Fehler entsteht dadurch, daß der Spiegel nicht genau senkrecht zur Kurve geführt wird. Ist **s** die wahre Länge der Strecke, auf welcher der Spiegel mit einer Abweichung $\alpha$ von der Kurvennormalen geführt wurde, so gibt das Röllchen nur die Länge **s** $\cdot \cos \alpha$ an. Der Fehler dabei beträgt also

$$f_r = s\,(1 - \cos \alpha).$$

Er ist immer positiv, d. h.: Richtungsfehler haben immer zur Folge, daß man die Kurvenstrecke etwas kleiner erhält, als sie wirklich ist.

Der Fehler ist an und für sich von geringem Einfluß, da für kleine Winkel der Kosinus nur wenig von 1 abweicht. Dazu kommt (Abb. 10), daß bekanntlich das Bild **O A'** einer geraden Linie **O A** mit der gedachten Verlängerung **O B** dieser Geraden einen Winkel $2\,\alpha$ bildet, der doppelt so groß ist als der Winkel $\alpha$, um welchen der Spiegel von der Normalen zu **O A** abweicht. Im Punkt **O** entsteht also zwischen dem sichtbaren, vor dem Spiegel liegenden Kurvenstück und dessen Bild ein schon bei kleinen Abweichungen leicht erkennbarer Knick. Überdies wird der Knick noch dadurch deutlicher, daß man ihn nicht in seiner wahren Gestalt, sondern schief projiziert sieht.

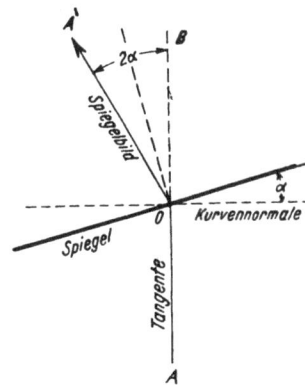

Abb. A 10.

Über die Größe der Fehler, die verschiedenen Abweichungen der Richtung des Spiegels von der Kurvennormalen entsprechen, gibt nachstehende Zahlentafel Aufschluß.

| Größe des Fehlers $f_r$ in % von $S$ für verschiedene $\alpha$ | | | | | |
| --- | --- | --- | --- | --- | --- |
| $\alpha$ | $2\,\alpha$ | tg $2\,\alpha$ | cos $\alpha$ | $\dfrac{f_r}{S}=1-\cos\alpha$ | $f_r$ % |
| 0° 34.3′ | 1° 8.7′ | 0.02 | 0.99995 | 0.00005 | **0.005** |
| 1 8.7 | 2 17.4 | 0.04 | 99980 | 020 | **020** |
| 1 43.0 | 3 26.0 | 0.06 | 99956 | 044 | **044** |
| 2 17.2 | 4 34.4 | 0.08 | 99920 | 080 | **080** |
| 2 51.3 | 5 42.6 | 0.10 | 99875 | 125 | **125** |
| 3 25.3 | 6 50.6 | 0.12 | 99822 | 178 | **178** |
| 3 59.1 | 7 58.2 | 0.14 | 99758 | 242 | **242** |
| 4 32.7 | 9 5.4 | 0.16 | 99685 | 315 | **315** |
| 5 6.1 | 10 12.2 | 0.18 | 99605 | 395 | **395** |
| 5 39.3 | 11 18.6 | 0.20 | 99513 | 487 | **487** |

Abb. A 11.

Abb. 11 verdeutlicht die Größe des Winkels, den die Kurventangente **OA** und ihr Spiegelbild einschließen. Abweichungen von 3° dürften nicht häufig, solche von 5° oder 6° zu den Seltenheiten gehören und überdies nur auf ganz kurzen Kurvenstrecken vorkommen. Endlich ist noch zu bedenken, daß die mittlere Abweichung voraussichtlich sehr kleine Werte haben wird.

Aus der Untersuchung geht hervor, daß der Einfluß des Richtungsfehlers beim vorliegenden Kurvenmesser ein sehr geringer ist und daß das Hauptaugenmerk auf den „Seitenfehler" gerichtet sein muß, d. h. auf die Führung der Spiegelmarke längs der Kurve, und auf den „Einstellfehler".

## D. Messungsergebnisse.

Zum Schluß seien einige wenige Ergebnisse von Messungen mitgeteilt, welche den Grad der Genauigkeit des Instruments (und zwar eines der ersten Versuchsinstrumente) beleuchten mögen.

In nachstehender Zahlentafel bezieht sich die Messungsreihe I auf die Bestimmung des „Instrumentenfehlers" $f_i$. Darunter soll verstanden werden die verhältnismäßige, in Prozenten ausgedrückte Abweichung der Einheit der Röllchenteilung von der wahren Längeneinheit. Dieser Fehler ist zu ermitteln durch zwangläufige Messung einer geraden Strecke, also durch Führung des Kurvenmessers entlang einem Lineal. Ist $l_0$ die wahre Länge der Strecke in Millimeter, $\lambda$ die Länge in „Millimeter" der Röllchenteilung, so ist in Prozenten

$$f_i = 100 \cdot \frac{l_0 - \lambda}{l_0}.$$

Messungsreihe II betrifft einen Kreis, welcher freihändig abwechselnd im rechtsläufigen ($\curvearrowright$) und linksläufigen ($\curvearrowleft$) Sinn umfahren wurde.

| Reihe | Gemessene Strecke | Wahre Länge $l_0$ mm | Art der Messung | Sinn der Bewegung | Ablesung Anfang $A_1$ | Ablesung Ende $A_2$ in Noniuseinheiten | Länge $A_1-A_2$ Noniuseinheiten | Länge $\lambda$ in „mm" Röllchenteilung | Mittel | $i = 100 \cdot \frac{l_0-\lambda}{l_0}$ % | Gesamtfehler $f_a = 100 \cdot \frac{l_0-\lambda}{l_0}$ % | Reiner Messungsfehler $f_m = f_a - f_i$ % |
|---|---|---|---|---|---|---|---|---|---|---|---|---|
| I | Gerade Strecke | 319.95 | zwangläufig | ← | 19 988 | 13 591 | 6 397 | 319.85 | 319.83 | 0.0375 | | |
| | | | | ← | 18 874 | 12 478 | 6 396 | 319.80 | | | | |
| | | | | ← | 18 873 | 12 476 | 6 397 | 319.85 | | | | |
| | | | | ← | 12 369 | 5 975 | 6 394 | 319.70 | | | | |
| | | | | ← | 15 766 | 9 367 | 6 399 | 319.95 | | | | |
| II | Umfang eines Kreises $\phi = 205.65^{mm}$ | 646.06 | freihändig | $\curvearrowright$ | 27 335 | 14 464 | 12 871 | 643.55 | 644.97 | | 0.203 | 0.165 |
| | | | | $\curvearrowleft$ | 14 689 | 1 770 | 12 919 | 645.95 | | | | |
| | | | | $\curvearrowright$ | 22 199 | 9 330 | 12 869 | 643.95 | 645.00 | | 0.164 | 0.126 |
| | | | | $\curvearrowleft$ | 29 398 | 16 477 | 12 921 | 646.05 | | | | |

Tafel A.

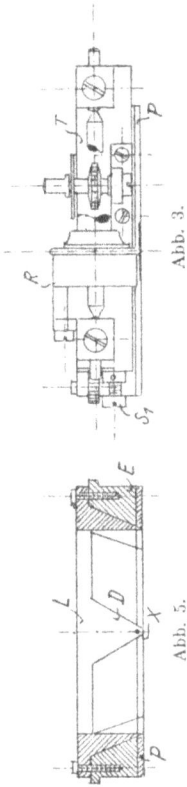

c-d

Abb. 5.

e-f

Abb. 6.

g-h

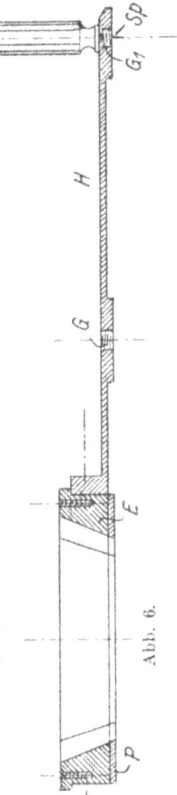

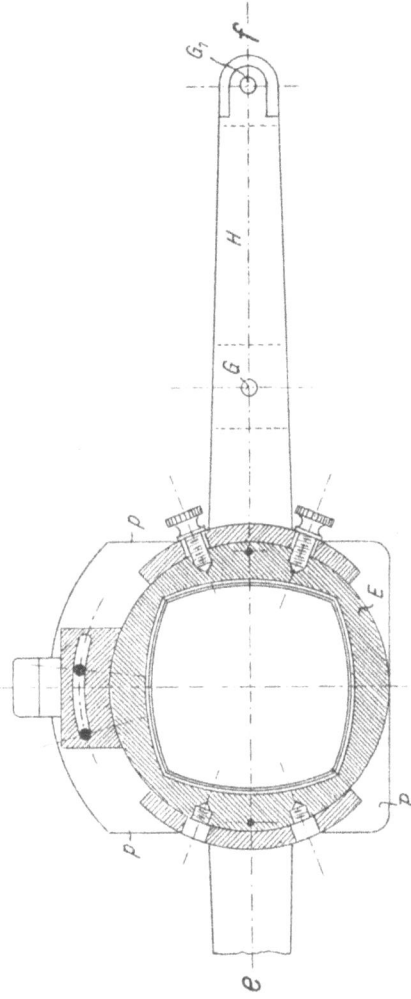

Abb. 7.

a-b

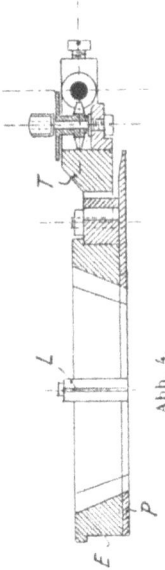

Abb. 4.

Abb. 2.

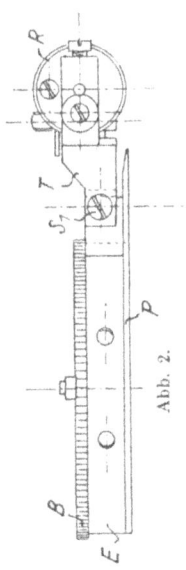

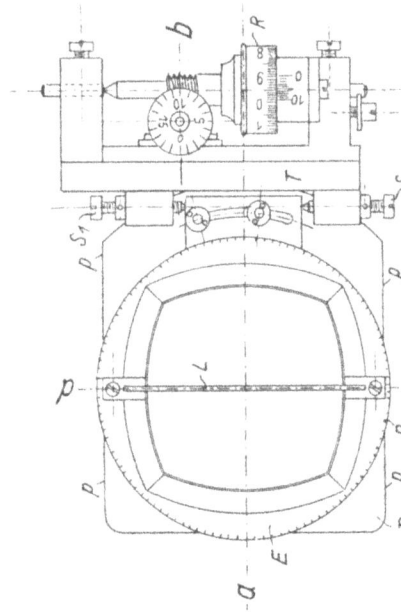

Abb. 1.

Pressel, Gesteintemperatur.

www.ingramcontent.com/pod-product-compliance
Lightning Source LLC
Chambersburg PA
CBHW070244230326

41458CB00100B/6072